黄河河口湿地特色资源

孔维静　夏会娟

科学出版社

北京

内 容 简 介

黄河是我国第二大长河,黄河河口湿地是我国重要的湿地生态系统,如何更好地利用河口湿地特色资源,保持河口湿地生态系统健康可持续是黄河保护修复面临的科学问题。本书在对黄河河口湿地资源调研的基础上,针对互花米草、芦苇、贝类等特色资源,开展了生物质炭制备、肥料制备、贝雕利用、工艺品利用等特色生物资源开发利用技术的研发,提出了黄河河口湿地特色资源产业化利用的技术方法,为黄河河口湿地保护修复提供了依据。

本书可为从事湿地生态学和生态环境保护科学研究的人员、相关企业人员和政府管理部门工作人员以及环境科学、环境工程、生态学等专业的本科生和研究生提供参考。

图书在版编目(CIP)数据

黄河河口湿地特色资源利用/孔维静等著.—北京:科学出版社,2022.10
ISBN 978-7-03-073580-5

Ⅰ.①黄… Ⅱ.①孔… Ⅲ.①黄河流域–河口–湿地资源–资源利用–研究 Ⅳ.①P942.440.78

中国版本图书馆 CIP 数据核字(2022)第 195826 号

责任编辑:周 杰 王勤勤/责任校对:樊雅琼
责任印制:吴兆东/封面设计:无极书装

科 学 出 版 社 出版
北京东黄城根北街 16 号
邮政编码:100717
http://www.sciencep.com

北京建宏印刷有限公司 印刷
科学出版社发行 各地新华书店经销
*
2022 年 10 月第 一 版 开本:787×1092 1/16
2022 年 10 月第一次印刷 印张:12
字数:285 000
定价:150.00 元
(如有印装质量问题,我社负责调换)

前 言

河口湿地是我国重要的湿地生态系统，其生物多样性高、生物资源丰富，为人类提供了重要的生态系统服务。随着人口的增长和社会经济的快速发展，河口湿地资源开发利用的需求日益迫切。而不合理的开发利用，导致河口湿地面积减少，生物量锐减，生物多样性减少，生态系统平衡发生变化。如何更合理地利用河口湿地资源，保持河口湿地生态系统的健康可持续是黄河河口湿地保护面临的关键科学问题。

黄河是我国第二大长河，黄河河口蕴藏着丰富的湿地资源，面临着如何合理开发利用的问题。本书在对黄河河口湿地生物资源调查的基础上，针对互花米草、芦苇、贝类等黄河河口湿地特色资源，开展了生物质炭制备、肥料制备、贝雕利用、工艺品利用等特色生物资源开发利用技术的研发，提出了黄河河口湿地特色资源产业化利用的技术方法，以期为黄河河口湿地保护修复提供依据。

全书共分9章。第1章简要介绍黄河河口湿地资源现状，概述其自然地理、生物资源、土壤特征等自然本底，以及面临的生态环境问题；第2章介绍河口湿地特色植物、贝类、微生物资源利用进展及存在的问题，涵盖农牧渔、能源、医药、建筑和环境保护等领域；第3章结合文献资料研究以及野外现场调查，介绍黄河河口湿地植物、贝类和微生物资源现状；第4章介绍黄河河口湿地的时间变化趋势，构建湿地资源利用潜力评价指标体系，评价黄河河口植物、贝类和微生物资源的开发利用潜力；第5章介绍以黄河河口湿地特色植物——互花米草和芦苇为原料制备生物质炭的工艺流程，以及生物质炭对盐碱化土壤改良和重金属吸附的生态效应；第6章介绍以黄河河口湿地特色植物——芦苇和耐盐微生物为原料制备有机肥料的工艺流程，阐述芦苇有机肥对盐碱地的改良作用；第7章介绍以黄河河口湿地贝类资源制作贝壳渔礁和贝雕的工艺流程；第8章阐述河口湿地植物生物质炭产业化利用进展、技术路线、技术和市场分析；第9章结合黄河河口湿地资源开发利用现状，提出河口湿地资源开发利用有待解决的问题。

本书的撰写和校稿工作分工如下：第1章由孔维静、夏会娟执笔；第2章由夏会娟、侯利萍、孔维静执笔；第3章由夏会娟、林岊璇、于晓娜、刘建、郭卫华执笔；第4章由夏会娟、孔维静执笔；第5章由夏会娟、陈斐杰、孔维静执笔；第6章由郭卫华、于晓娜、朱鹏程执笔；第7章由林岊璇、何明军、孔维静执笔；第8章由孔维静、夏会娟执笔；第9章由夏会娟、孔维静执笔。全书由夏会娟和孔维静统稿、定稿。

本书的出版得到国家重点研发计划课题"河口湿地特色资源产业化技术"（2017YFC0505905）的支持。由于研究时间所限，难免有疏漏和不足之处，希望广大读者批评指正。

作 者
2022 年 8 月

目 录

第1章 绪 论

1.1 背 景

河口湿地是在海洋、陆地和河流多重作用下形成的，是融淡水、海水、咸淡水和潮滩湿地等为一体的系统（黄桂林等，2006；Jiang et al.，2015）。河口湿地通常具有丰富的水、油、汽、港口和生物资源，是人类活动最为集中的区域之一（宋晓林和吕宪国，2009）。黄河河口（又称黄河口）湿地位于黄河入海口处，其独特的自然地理位置和气候特征使该地区蕴藏着丰富的湿地资源。由于黄河挟带大量泥沙入海，黄河河口每年向海延伸平均达 2.2km²，造陆约 32.4hm²。黄河河口的面积逐年增大，是世界上土地面积自然增长最快的地区之一。1992 年，国务院正式批准成立山东黄河三角洲国家级自然保护区，保护湿地生态系统及珍稀濒危鸟类为主体的多功能湿地生态系统类型。该保护区地理位置独特，地势平坦，土地辽阔，生物资源丰富，生态环境质量良好，是中国暖温带最年轻、最广阔、保存最完整、面积最大的湿地保护区。

人口增长及快速发展的社会经济，对河口湿地资源的开发利用需求日益迫切。而不合理的开发利用导致河口湿地生物量锐减，生态系统失衡。杞柳（*Salix integra*）和柽柳（*Tamarix chinensis*）灌丛是黄河河口湿地的重要植被，也是黄河三角洲湿地生态系统的重要组成部分。但自 20 世纪 60 年代以来，毁林种粮现象普遍，天然灌丛已被砍伐殆尽，现在只零星残存在自然保护区内。黄河三角洲原有草地 18.5 万 hm²，具有大力发展天然草地畜牧业的优势。随着滩涂开发、水产养殖、道路建设和种植业的不断发展，天然草地面积急剧减小，每年减少天然草地约 10 000hm²，现存草场的生产力也严重退化，产草量和理论载畜量都大幅度降低。随着城镇化水平的不断提高，大片的林木、草地、池塘等湿地被工厂、村庄、城镇和道路所占用，导致湿地天然植物和动物资源受到严重威胁。此外，为黄河三角洲带来经济繁荣的石油开发也影响着湿地生态系统。油田作业及配套设施的建设，对湿地生境和生物多样性构成了威胁，尤其是原油污染和突发性环境污染，对整个湿地生态系统的破坏难以估量。

河口湿地具有特殊的地形地貌，水位和盐度存在明显的时空差异，形成了多样的生境类型，为许多生物提供了栖息和繁殖场所（黄桂林等，2006）。湿地生物资源保护与可持续利用是湿地资源保护的重要内容（刘红玉等，2009）。鉴于植物资源具有易获取、生物量大和可再生等优势，其开发利用途径较为广泛，被用于生产燃料、植物肥料、饲料添加剂、造纸、工艺品和生物质炭等（Yang et al.，2009；Toumpeli et al.，2013；孟庆瑞等，2017；侯利萍等，2019）。随着我国贝类养殖和加工业的快速发展，每年产生大量的贝壳。这是一种可开发利用的潜在资源，可用作土壤改良剂、吸附剂、建筑材料、催化剂和生物填料等（Li et al., 2012；Yao et al., 2014；代银平等, 2017）。微生物资源因获取较难、产品生产过程复杂和开发技术要求高等，鲜被开发利用。

当前在河口湿地资源的开发利用中，人们重点关注的是"利用"，缺乏对可持续发展和生态保护的考虑。资源的开发利用模式不完善，可能会导致河口湿地结构和功能严重受损，影响河口湿地生态系统的健康稳定。另外，已开发的生物资源欠缺深度开发，存在资源浪费等问题。因此，实现河口湿地生物资源的可持续开发利用，急需统筹考虑开发利用效率、湿地生态系统完整性保护和生态恢复。

1.2 黄河河口湿地概况

1.2.1 自然地理概况

（1）地理位置

本书中黄河河口湿地是指山东黄河三角洲国家级自然保护区所在范围。该区位于山东省东营市的黄河入海口处，北临渤海，东靠莱州湾，介于东北亚内陆和江淮平原之间，地理坐标为118°33′E ~ 119°20′E，37°35′N ~ 38°12′N，包括黄河入海口和1976年以前引洪的黄河故道两部分。由于黄河挟带大量泥沙入海，黄河河口湿地向渤海以每年 2 ~ 3km² 的速度推进，形成我国暖温带保存最完整、最广阔、最年轻的湿地生态系统。

（2）气候

黄河河口湿地地处中纬度，位于暖温带，背陆面海，受欧亚大陆和太平洋的共同影响，属于暖温带半湿润大陆性季风气候区，四季分明，冬寒夏热，温差明显。黄河河口湿地年平均日照时数为2590 ~ 2930h，太阳总辐射量为514.2 ~ 543.4kJ/cm²，年平均气温为11.7 ~ 12.6℃，极端最高气温为41.9℃，极端最低气温－23.3℃，年降水量为530 ~ 630mm，且70%发生在夏季，占全年降水量的50% ~ 70%，年平均蒸散量为750 ~ 400mm，全年平均风速为3.1 ~ 4.6m/s（张华杰，2016）。基本气候特征为：春季干旱多风，早春冷暖无常，常有倒春寒出现，晚春回暖迅速，常发生春旱；夏季炎热多雨，温高湿大，有时受台风侵袭；秋季气温下降，雨水骤减，天高气爽；冬季天气干冷，寒风频吹，雨雪稀少，主要风向为北风和西北风。

（3）地质地貌

黄河河口湿地土壤是黄河改道、尾闾摆动、海岸线变迁、海水侵袭等多种因素的综合作用结果，成土绝大部分是近百年新淤积而成，且土壤层次复杂，砂黏相间。同时，新生陆地还在不断加入到土壤演替的系列中，从而表现出各成土类型、不同成土阶段并存的分布格局，使得土壤的空间分异呈现由沿海到内陆、以黄河河床为中轴向两侧递变的"十"字形的空间格局，以黄河为基轴，向两侧延伸，盐化程度也随之加重，土壤类型也基本上依次分布着潮土、盐化潮土、潮盐土。沿海地区土壤含盐量较高，维持在0.8%以上，大部分土地为光板地，尚未进入生物成土过程，为海浸盐渍母质。

黄河河口湿地地势平坦宽广，海拔高 2 ~ 5m，东西比降1/1000左右。地貌特征受近代黄河河口的形成与演变所控制，微地貌形态复杂，主要的地貌类型有河滩地（河道）、河滩高地与河流故道、决口扇与淤泛地、平地、河间洼地与背河洼地、滨海低地与湿洼地以及蚀余冲积岛和贝壳堤（岛）等。同时，人类活动（黄河改道，修建黄河大堤、海堤和高速公路，城建以及石油开采等）也在剧烈地改变着该区的微地貌形态。

（4）水文特征

流经黄河河口湿地的客水河道有黄河、小清河和支脉河，其中，黄河是流经最长、影响最深刻、最广泛的河流，在山东省东营市内控制流域面积为 5400km²；小清河在东营市内控制流域面积为 594km²，多年平均入境水量为 $5.82 \times 10^9 m^3$；支脉河在东营市内控制流域面积为 1129km²，多年平均入境水量为 $2.86 \times 10^9 m^3$。东营市境内控制流域面积在 100km² 以上的排涝河道有 11 条，其中黄河以北有马新河、沾利河、草桥沟、挑河、草桥沟东干流、褚官河、太平河，前五条独流入海，后两条汇入潮河。黄河以南有小岛河、永丰河、溢洪河、广利河，均独流入海。

基于黄河河口水沙控制站利津站 1950～2010 年的水文资料（张爱静，2013），从 20 世纪 70 年代开始，由于黄河两岸工农业生产用水，特别是引黄灌溉的发展，利津站年径流量大幅度降低，1972 年，黄河出现第一次断流现象。1972～1999 年，利津站共有 22 年出现断流，断流现象呈现断流年份不断增加、断流次数不断增多、断流时间不断延长、首次断流时间提前、断流河段不断上延等特点。例如，70 年代断流 6 年 14 次 86 天，80 年代断流 7 年 15 次 107 天，而 90 年代几乎年年断流，断流 60 次 898 天，其中 1997 年断流长达 226 天。自 1999 年黄河小浪底工程进行水量统一调度及黄河中下游协调用水后，黄河断流问题基本得到解决，2000 年起断流现象消失，利津站年径流量逐渐增加，2003～2010 年年平均径流量为 $1.83 \times 10^{11} m^3$，达到 1985～1990 年的年平均径流量水平。

1.2.2 生物资源概况

截至 2021 年，黄河河口湿地现共有野生动物 1630 种，鸟类由 1990 年的 187 种增加到 2021 年的 371 种，其中国家一级保护鸟类由 5 种增加到 12 种，国家二级保护鸟类由 27 种增加到 51 种，数量由 200 万只增加到 600 万只。国家一级保护鸟类有丹顶鹤、白头鹤、白鹤、大鸨、东方白鹳、黑鹳、金雕、白尾海雕、中华秋沙鸭、遗鸥等，国家二级保护鸟类有灰鹤、大天鹅、鸳鸯等。珍稀濒危鸟类逐年增多，每年春、秋候鸟迁徙季节，数百万只鸟类在这里捕食、栖息、翱翔，成为东北亚内陆和环西太平洋鸟类迁徙重要的中转站、越冬栖息地和繁殖地，被国内外专家誉为"鸟类的国际机场"。黄河河口湿地植物资源丰富，共有植物 685 种，以水生植被和盐生植被为主。无大面积的天然阔叶林，植被种群组成简单，草本占优，建群种较少。盐地碱蓬（*Suaeda salsa*）、柽柳和罗布麻广泛分布，芦苇（*Phragmites australis*）集中分布面积达 267km²，国家二级重点保护植物野大豆集中分布面积达 43km²。自然植被覆盖率达 55.1%，是中国沿海最大的新生湿地自然植被区。

1.2.3 土壤状况

根据已有研究，黄河三角洲自然保护区土壤碳、氮、磷含量平均值分别为 4.78g/kg、

0.32g/kg 和 0.53g/kg。土壤碳、氮含量均远低于全国平均水平（10g/kg 和 0.65g/kg），土壤磷含量略低于全国平均水平（0.56g/kg）（刘兴华等，2018）。

潮间带盐沼 0～40cm 深度土壤中，全碳、有机碳和全氮的储量分别为 9489～12 239g/m²、4321～8738g/m² 和 33～121g/m²，比其他滨海湿地略低。土壤全碳、全氮和无机氮以无机碳、有机氮和铵态氮为主，全碳、有机碳、全氮、有机氮和硝态氮含量随着土壤深度增加而降低，无机氮和铵态氮含量随着土壤深度增加先增加后减少。天然和恢复盐沼表层土壤全磷含量为 416.44～714.33mg/kg，平均值为 541.58mg/kg，略高于全国平均水平。除盐地碱蓬盐沼外，恢复芦苇盐沼和裸盐沼的土壤全磷含量比天然盐沼低 13.86% 和 12.2%。在土壤各形态磷中，无机磷含量最大，其他依次为残余态磷、有机磷。恢复芦苇盐沼的有机磷含量显著低于天然盐沼，有植物盐沼的土壤磷含量高于裸盐沼（贾佳等，2015）。

黄河三角洲表层土壤（0～20cm）Cu、Zn、Cr、Cd、Pb、Ni、As 和 Hg 的平均含量分别为 27.87mg/kg、79.19mg/kg、69.01mg/kg、0.383mg/kg、21.98mg/kg、33.42mg/kg、13.76mg/kg、0.025mg/kg（王颜昊等，2019）。除 Cd 外，其他重金属含量平均值均小于国家二级标准值；各重金属空间分布均呈现自西北向东南递减的趋势，且实验区含量最高，核心区含量最低；Hakanson 潜在生态风险指数评价表明，Cd 为中等至较强生态危害，其余重金属单项均为轻微生态危害；保护区综合潜在生态风险为轻微至中等生态危害，呈实验区>缓冲区>核心区的规律。

2018 年 7 月，研究团队在黄河口油田区布设了 5 个样地采集土壤样品测定土壤背景值，土壤的基本理化性质如 pH、有机质（OM）、阳离子交换量（CEC）、有效磷（AP）、全氮（TN）、全磷（TP）、全钾（TK）、速效钾（AK）含量以及重金属 Cd 和 As 含量（表1-1）。结果显示，黄河口油田区土壤 pH 为 7.34～7.79，呈碱性或弱碱性。根据全国统一划分的六级制养分分级标准，黄河口油田区土壤养分含量处于中等及以下水平，其中土壤有机质含量（2.68～29.21mg/g）处于中等及以下水平，有效磷含量（14.8～18.94mg/kg）处于中等水平，全氮含量（0.4～0.9mg/g）处于缺乏及以下水平，全磷含量（0.45～0.61mg/g）处于很缺乏水平，全钾含量（14.62～16.38mg/g）处于缺乏水平，速效钾含量（49.77～118.43mg/kg）处于中等及以下水平。根据《土壤环境质量 农用地土壤污染风险管控标准（试行）》（GB 15618—2018），黄河口油田区 Cd 含量为 1.19～3.47mg/kg，超过土壤污染风险筛选值（0.8mg/kg），As 含量为 7.11～9.2mg/kg，低于土壤污染风险筛选值（≤20mg/kg）。

表1-1　黄河口油田区土壤基本特征

指标	样地1	样地2	样地3	样地4	样地5
pH	7.79	7.34	7.48	7.46	7.75
OM（mg/g）	8.11	12.26	14.25	29.21	2.68
CEC（mmol/kg）	181.2	148.4	188.2	57.7	120.5
AP（mg/kg）	16.41	14.8	15.89	18.94	15.11
TN（mg/g）	0.4	0.9	0.5	0.9	0.7

指标	样地 1	样地 2	样地 3	样地 4	样地 5
TP（mg/g）	0.51	0.61	0.45	0.48	0.45
TK（mg/g）	15.12	15.15	15.45	16.38	14.62
AK（mg/kg）	89.37	97.77	118.43	74.27	49.77
Cd（mg/kg）	2.47	1.51	1.19	3.47	2.24
As（mg/kg）	8.31	7.34	8.07	9.2	7.11

1.2.4　生态环境问题

黄河河口湿地位于海陆交互区域，复杂性高，脆弱性强，面临来自陆、海两个方面的压力，同时是人类高强度活动区。因此，在自然和人为干扰下，黄河河口湿地生态环境问题日益严重，如土壤盐渍化程度加剧、湿地萎缩严重、环境污染加剧、生物资源减少等。

（1）土壤盐渍化，生态环境脆弱

黄河三角洲为退海新生陆地，从内陆向近海，土壤逐渐由潮土向盐土递变。多数土地后备资源土壤呈高盐性，且地势低洼，地下水埋深浅，蒸降比为 3.5∶1，土壤次生盐渍化威胁大，地下水位高而被渤海海水渗透。因此，黄河三角洲大面积的土地上难以种植根系发达的乔木，自我恢复能力很弱。黄河三角洲生物资源减少的原因是多方面的：①近年来黄河来水流量的明显减少以及两岸导流堤的建设，影响和阻碍了中常洪水自然漫滩淤积，隔断了陆海生态交汇，浅海湿地生物失去陆地食物源，陆域湿地逐渐减小，生物物种减少；②环境污染导致生物物种的繁殖力、生命力下降，甚至死亡；③对湿地生物资源的掠夺式开发也造成物种减少（薄宏波等，2013）。

（2）天然降水不足，水资源短缺，湿地萎缩

随着黄河来水的减少和黄河断流的加剧，黄河河口湿地受黄河水直接补给、间接补给的区域水分状况日趋恶化，湿地面积萎缩。根据实测资料统计，利津站 20 世纪 90 年代年平均水量为 122.8 亿 m³，仅占 50 年代来水量的 26.5%，汛期水量仅占 50 年代的 26.6%；90 年代水量小于 50 亿 m³ 的年份有 1997 年、2000 年，其中 1997 年为历史最枯年，水量仅19.1 亿 m³。与水量变化情况一样，沙量也呈明显减少趋势。据统计，利津站 90 年代年平均沙量为 3.47 亿 t，仅占 50 年代来沙量的 26.4%，汛期沙量仅占 50 年代的 26.8%。自2000 年以后，由于黄河小浪底水库的有效调节和黄河水资源统一调度管理的加强，黄河断流得到遏制，但黄河来水沙量仍持续偏少（薄宏波等，2013）。

（3）土壤有机质含量低，持水能力差

河口湿地的土壤潜育化程度低，动植物残体分解快，土壤有机质含量低。据测定，河口湿地的土壤有机质含量最高值为 4.52%，一般在 1.5% 以下。河口湿地成土母质较粗，多为砂壤土，少为壤土、黏土，质地疏松易板结。另外，动植物残体和土壤有机质少，均导致湿地的持水能力弱，氮、磷等营养元素含量低下（邢尚军等，2005）。

（4）不合理开发利用，土壤污染严重

黄河三角洲拥有着丰富的石油资源，中国石化股份胜利油田有限公司孤东采油厂所属的孤东、红柳、新滩三个油田位于黄河入海口，其中红柳和新滩两个油田都在山东黄河三角洲国家级自然保护区内。采油场地占地广，勘探、打井等作业对生态环境影响较大。石油开采、试油、洗井、油井大修等井下作业和油气输运过程，都会有原油洒落到地面，原油中含有石油烃和重金属元素，从石油开采到油气输运的各个环节都可能对周围环境和土壤造成不良影响。石油污染的加剧，降低了整个湿地生态系统的质量，给湿地生态系统内的生物造成影响，严重破坏保护区的生物多样性。近年来，黄河三角洲的农业生产也发展迅速，化肥、农药和农用薄膜等的大量使用，使得该区的土壤受到了重金属等污染物的污染（吕双燕，2017）。

（5）外来物种入侵

2003 年国家环境保护总局和中国科学院将互花米草列入我国第一批外来入侵物种名单。互花米草演替和退化与贝壳沉积演化密切相关，黄河河口贝类资源丰富，互花米草的爆发蔓延会令贝类大量死亡，而大量贝壳碎片受风浪冲刷、堆积影响，在滩涂上逐渐聚集、覆盖、沉积和消亡也会引起互花米草死亡，加上海浪侵蚀作用，最终使互花米草滩演变成贝壳滩或光滩（张晓龙，2005）。截至 2020 年，互花米草仅在东营市生长面积已达 $71km^2$，对黄河三角洲沿海滩涂湿地、潮间带等生物多样性和鸟类栖息地质量构成了严重威胁。黄渤海沿岸滩涂多地也呈现互花米草爆发趋势，对整个黄渤海滩涂生态平衡造成了非常大的破坏，迫切需要治理（王英林，2020）。

第2章 河口湿地特色资源利用进展

2.1 在农牧渔业领域的应用

2.1.1 植物资源

(1) 植物有机肥

植物茎秆直接粉碎还田可以增加土壤有机质,改善土壤结构和肥力,但同时因茎秆不易腐烂,病虫害多发,也会影响作物生长(刘长永等,2018)。植物茎秆经过发酵腐熟转变为有机肥料后还田,可减缓因大量施用无机肥造成的土壤质量下降、地下水污染和土壤侵蚀等问题,也可以避免茎秆直接还田带来的负面影响,提高农业生产力(Toumpeli et al.,2013;Viaene et al.,2016)。

芦苇是河口湿地植物中广泛应用于堆肥的植物资源之一。芦苇堆肥产品对土壤理化性质和作物产量均具有正向作用,芦苇堆肥产品的最佳施用比例为 $1.56 \times 10^5 \, \text{kg/hm}^2$ (Toumpeli et al.,2013)。使用芦苇皮作为堆肥添加材料可以加快堆肥的腐熟过程,减少营养元素的流失,保证堆肥产品的品质(陈金海等,2011)。芦苇工业废渣经过发酵处理后,可以作为蔬菜培养基质,与常规基质相比,蔬菜产量高,成本低,净产值增加,生态环境效益显著(李霞等,2012)。此外,入侵植物互花米草具有丰富的营养成分和极高的生物量,其资源化利用逐渐受到关注。陈金海等(2011)利用互花米草和羊粪混合堆肥还田,改善了土壤理化性质和土壤肥力,提高了作物产量。但互花米草植株体内含盐量较高,施用前需要进行脱盐处理,避免对环境造成二次污染。

(2) 饲料添加剂

河口湿地植物富含蛋白质和氨基酸等营养成分,是天然的饲料资源。但河口湿地植物通常具有较高的含盐量,长期投喂可能会增加畜禽体内矿物质含量不平衡的风险。为保证安全性,需选用合适的比例添加到饲料中,降低应用风险。

芦苇作为畜禽饲料已有几个世纪的历史,芦苇植株体内的叶绿素、叶黄素和花青素等是转化成维生素的基础物质,饲料中添加芦苇可显著增加肉羊的干物质采食量、日增重和消化能力(袁芳等,2017)。盐地碱蓬作为饲料添加剂可以显著提高肉仔鸡的日增重和饲料利用率,但对肉仔鸡的发病率和死亡率无显著影响(唐少刚,2007)。海三棱藨草可用作鱼的饵料或收割后晒干储藏作为冬季畜禽补充饲料。互花米草添加到饲料中不仅可以提高畜禽的生产性能,节约饲料成本,还可以增加畜禽适口性,促进胃肠蠕动,减少消化道疾病,增加抗病能力(郑贵荣等,1994)。互花米草生物矿质液具有丰富的营养元素和活性物质，投喂生物矿质液可以提高黄鳝生长速度（周文宗等，2015）。

2.1.2 贝类资源

（1）肥料

贝壳富含碳酸钙，还含有氮、磷、钾、锌、镁等元素及多种氨基酸，可作为石灰的替代品中和土壤中的酸性物质，同时可增加土壤中的微量元素，促进土壤中微生物和作物的生长，改善土壤物理结构，提高土壤的透气性、保水性、保肥性。此外，贝壳具有良好的吸附性能，能够有效吸附肥料中的主要成分，起到缓释的功效，延长肥料释放时间，提高肥料利用率，减少肥料的使用量和使用频率，改善土壤微生物群落，是新型缓释肥料的理想载体（陈文韬，2013）。

（2）饲料

贝壳中含有的多种微量元素和氨基酸是动物生长发育所必需的物质，利用贝壳中的矿物活性元素来作为饲料添加剂替代无机矿物质，可以免除使用无机矿物添加剂带来的弊端，是发达国家所推行的对饲养动物促长抗病措施之一。牡蛎壳作为饲料添加剂的潜力大，应用范围广，可用于蟹、虾、鱼等水产养殖，也可用于牛、猪、鸡等畜禽的饲养，同时取材容易，成本较低，生产方法简便，具有良好的开发前景。

2.1.3 微生物资源

（1）微生物农药

目前，我国化学农药利用率仅为20%~40%。长期使用还会严重污染环境。微生物作为新型农药，具有选择性强、环境影响小、不易产生抗性等优点（章家恩和刘文高，2001）。一种以杆状病毒为主的"活体微生物农药"，能够直接进入害虫胃肠道与中肠细胞结合，使害虫迅速死亡，具有高效、安全、无残留、无损茶叶品质等优点，已被国家批准直接用于有机茶大面积防治茶尺蠖、茶毛虫、茶小卷叶蛾三大害虫的微生物农药，其综合防治成本较低，每亩[①]费用和工时仅为化学农药的1/10。

（2）微生物菌肥

微生物肥料（微生物菌肥）主要通过肥料中的微生物活动和其生产的代谢产物来达到特定的肥料效果，不对环境造成污染。目前，市场上销售的微生物菌肥主要类型包括固氮菌肥料、根瘤菌肥料、硅酸盐细菌肥料和磷细菌肥料（杨鹤同等，2014）。实际应用时，大豆接种根瘤菌可使大豆每公顷增产225~300kg，花生接种根瘤菌可使花生增产10%~50%。2016年云南麻栗坡县利用微生物菌肥在水稻上进行大田试验，施用微生物菌肥处理的稻谷产量、实粒数等经济性状及植株的健壮度、粒籽光泽度等生物性状都明显优于常规施肥处理。经实割实测，复合微生物菌肥处理的亩产663.6kg，常规处理的亩产629.7kg，微生物菌肥试

---

① 1亩≈666.67m²。

区比常规施肥区增产 33.9kg，增产 5.4%。同时，复合微生物菌肥在水稻移栽时一次性施用，节省了人工。

（3）微生物饲料添加剂

目前大多数国家均已限制和禁止抗生素作为饲料添加剂使用。微生物饲料添加剂是替代抗生素的重要开发方向。国内已有几百家企业专门从事微生物相关的饲料添加剂和微生物发酵饲料的生产。中国农业大学农业部饲料工业中心，经过 2002～2006 年的研究与生产实践，成功开发出了一种生产工艺简单、使用效果显著的微生物发酵浓缩饲料，生产成本为每吨 3000 元左右。在生长育肥猪配合饲料中添加 15%～20% 的发酵浓缩饲料就可以实现从 20kg 到出栏的全程无抗生素饲养。截至 2006 年北京地区已经有 20 多家规模化（存栏量均在 800 头以上）猪场使用本产品，生猪总存栏数超过 3 万头。微生物饲料产品的大量应用，将终结养殖业的抗生素、化学添加剂时代（关鹏，2019）。

2.2　在能源、医药、建筑等领域的应用

2.2.1　植物资源

（1）生物质能源燃料

生物质因其储量丰富、来源广泛和可再生等优势，被认为是最具有应用前景的生产替代燃料的原料（何志霞等，2016），可制成固体燃料、气体燃料和液体燃料。

河口湿地植物生物质可直接作为生活燃料，但利用效率较低（清华等，2008）。生物质固化成型技术可以将生物质压缩成型，固化成型的燃料密度高、便于运输和装卸、形状和性质均一、燃烧性能好、热值高、适应性强、燃料操作方便（刘延春等，2008）。朱静等（2014）将芦苇或芦苇产品加工废弃的下脚料经过致密固化成型设备高温高压轧制，压缩固化成生物质能源燃料，可替代部分煤炭用于农户日常炊事和取暖。

使用河口湿地植物厌氧发酵制备气体燃料，不但可以获得清洁能源——沼气（Yang et al.，2009），还可以获得优质有机肥——沼渣和沼液（陈广银等，2013）。互花米草干物质产气量为 0.20～0.22L/g（朱洪光等，2007），芦苇产气量达 0.22L/g（Risén et al.，2013），比稻秆、麦秆和猪粪的产气量高。

在液体燃料方面，何志霞等（2016）利用互花米草在乙醇-水体系中液化制备生物油燃料，生物油的酯类化合物成分类似于生物柴油，有利于提升生物油燃料的品质。张升友等（2015）以制浆造纸厂的芦苇废渣为原料，发酵制备了生物乙醇，同时得到副产品低聚木糖和粗木素。

（2）食品和医药

芦苇、盐地碱蓬和互花米草是在食品医药领域应用较多的河口湿地植物。这几种植物植株嫩茎富含膳食纤维、维生素和蛋白质，可以作为蔬菜直接食用，也可以加工为食品和医药。

以芦苇为主要原料加工的食品包括清凉保健饮品和芦苇八宝粥等（慈维顺，2011）。芦苇茎秆通过蒸汽爆破预处理，再辅以酶解可制取低聚木糖，具有增强肠道中双歧杆菌的

存活和繁殖的能力（孟煜等，2016）。盐地碱蓬种子可以榨油，榨出的油含人体所需的亚麻酸和脂肪酸等（张达等，2016）。姜雪等（2012）以盐地碱蓬为原料，研发了碱蓬饮料的适宜配方。此外，盐地碱蓬曾被制成干制产品和罐头食品（李焕勇和宫庆娥，1997；宫庆娥等，2004）。盐地碱蓬红叶期，可加工提取碱蓬红色素（碱蓬红）（孙宇梅等，2005）。花期的盐地碱蓬总黄酮提取物作为一种天然的抗氧化剂和抑菌剂被广泛使用（赵学思等，2016）。互花米草被用于生产啤酒、汽水和饴糖等食品（陈若海，2010）。

（3）工艺品、造纸、建筑和装潢材料

在工艺品制作方面，应用较成熟的河口湿地植物资源是芦苇。芦苇可用于编织各种席、筐、篮、炊具、渔具和手提包等，并且可打成箔，还可以编织成宫灯、四扇屏和大屏风等，编织品畅销日本及东南亚各国（朱静等，2014）。芦苇画是一种高级的芦苇资源利用途径，在我国芦苇生产地（如白洋淀和黄河口等）有专门从事芦苇画生产的企业和研究机构（颜静和秦梦志，2017）。

芦苇是造纸的重要原料之一，茎秆纤维素含量高达40%~50%，纤维长度1.3~1.8mm，仅次于棉、麻，与木材相仿（慈维顺，2011）。我国多家企业芦苇纸浆生产的凸版纸、书写纸、有光纸和胶版纸等，是纸张中的中高档纸。经初步计算，5t芦苇的造纸量相当于10m³木材，按一般芦苇单位面积产量计算，1hm²芦苇等于1hm²针叶林的纤维总量，被誉为"第二森林"（许家磊，2014）。互花米草可以作为稻草秆的良好替代品，用于生产中低档纸（陈若海，2010）。但造纸工艺流程中的蒸煮和含氯漂白等环节会产生大量污染物，造纸企业普遍存在不达标排放现象，造成环境污染。在环保要求下，芦苇造纸产业逐渐萎缩。例如，2019年，为了保护湖区的芦苇湿地和湖区生态环境，洞庭湖区的造纸企业全面退出。

芦苇也可用于制作建筑和装潢材料。用芦苇与水泥和矿化剂混合可以制成芦苇水泥砖，成熟后的芦秆捆扎成束后用作墙体的支撑材料，或编织成席、网后，在其上糊泥浆，干后即板结为墙体（慈维顺，2011）。芦苇经过加工可以成为一种优良的室内装潢材料，如苇席、苇帘、人造苇板、芦苇壁纸和芦苇夹胶玻璃等（徐娜，2016）。覃佐东等（2014）利用互花米草纤维与造纸污泥混合制作的污泥纤维板在硬挺度、耐破度、密度和吸水性能上均具有明显优势。20世纪90年代我国开始了芦苇人造板的研发工作，90年代末期已有数条芦苇刨花板生产线建在黑龙江、新疆等地，辽宁盘锦也投产了一条连续平压芦苇刨花板生产线。

2.2.2 贝类资源

（1）保鲜抑菌剂

贝壳提取物对根霉菌、枯草芽孢杆菌、白色念珠菌等有很好的抑制效果，此外，对嗜热脂肪芽孢杆菌、假单胞菌、大肠杆菌和毛霉也有较好的抑制作用，对沙门氏菌、金黄色葡萄球菌、副溶血弧菌、肠链球菌也有一定的抑制作用（曾名勇等，2002）。随着人们对食品保鲜与防腐要求的重视，以贝壳为原料开发绿色、天然的保鲜剂和防腐剂是贝壳资源高附加值产品开发利用的一种重要途径。用贝壳渣制成食品保鲜剂，其保鲜效果远优于化验室合成的保鲜添加剂，对人体无副作用，也无残留，是理想的食品保鲜剂。

（2）医药

贝壳是重要的中药材，可治疗多种疾病。贝壳中的蛋白质含有多种人体的氨基酸，如甘氨酸、精氨酸、丙氨酸等。

贝壳碳酸钙含量约为95%，是制备补钙制剂的天然原料，以贝壳为原料制备的补钙制剂消化吸收率高。珍珠层人工骨具有低免疫原性、良好的生物相容性、可降解性、骨传导性和较好的成骨作用，因此可作为生物骨替代材料（代银平等，2017）。与其他无机生物材料相比，其优势在于含有诱导成骨作用的功能成分，具有诱导骨生长的能力。贝壳中含有大量的微孔结构，经处理后可产生多种不同功能的孔穴结构，能容纳一定粒径大小的分子，使其具有较强的吸附能力、交换能力和催化分解作用能力等。应用生物工程和高分子加工交联技术对贝壳粉改性，改性后的贝壳粉可作为药物吸附剂和包合材料。

（3）建筑材料

贝壳粉涂料是由废弃贝壳经过加工后得到的一种环保型功能粉料，与传统碳酸钙不同点是存在少量的有机质，包括蛋白质、糖蛋白和磷脂等，因而贝壳粉涂料具有良好的防静电能力、超强的增韧性和抗菌杀菌功能（毕菲等，2018）。贝壳粉涂料在作为室内装修材料时不仅拥有极好的美观性，而且环保性能也备受人们的青睐。随着对建筑物内装饰和居住环境质量要求的日益提高，人们对内墙涂料的要求已经从单一的装饰性逐步转移到兼具装饰性、环保性、健康性等多种功能。贝壳粉涂料是一种绿色环保的内墙涂料，优异的物理和化学特性以及施工性能，使其具有巨大的发展前景。

（4）工艺品

在工艺品制造方面，贝壳可作为装饰品（包括手链、项链和手机挂坠等）、工艺品（包括风铃、工艺画、盆景和贝雕等）和护肤品容器等。例如，镶嵌于手链、项链和戒指等饰品上，符合人们向往大自然和渴求环保的心理。此外，贝雕技术是贝壳高附加值资源化利用的途径之一，该技术汲取了木雕、玉雕、牙雕和国画等众家之长，并利用螺钿镶嵌等技艺特点，形成了种类繁多的贝雕产品（施群颖，2019）。贝雕产品以旅游纪念品和装饰品的形式融入市场，这在带动贝雕行业发展的同时，也推进了当地的地域文化建设。

（5）化妆品

贝壳珍珠层磨成的珍珠层粉与珍珠粉是同源的，所含成分与珍珠相同。贝壳中含有17种氨基酸及24种元素，如锌、铁、铜、硒、锗等，与珍珠的有效成分几乎相同（李海晏，2012）。贝壳珍珠呈片状，具有良好的遮蔽效果，因而在抗皱美容方面优势突出，加上特有的光泽和上述的营养成分，是美容产品开发的优势原料。

（6）生物填料

牡蛎壳中碳酸钙含量达90%以上，可开发成化工原料。碳酸钙是一种廉价的无机填料，在工业上用途非常广泛，可适用于塑料、薄膜、涂料和造纸等（陈文韬，2013）。以贻贝壳为主要原材料加工制作成的纳米羟基磷灰石，是目前国内主流牙膏的填料。

2.2.3 微生物资源

（1）食品和饮品

在食品安全问题频出的情况下，人们对药食同源食物的探求愈发强烈，因而在动植物源食品领域外开发微生物资源新型保健食品的市场潜力很大。微生物运用到新型保健食品行业，已经成为一种新的生物资源利用形式（何苗等，2018）。微生物资源新型保健食品以它独特的食药疗功效已经被广大群众认可，并得以生产和在市场上销售。

在食品方面，食用真菌菌体含有高质量的蛋白质，提取菌体蛋白可制成营养价值高、多糖和维生素含量丰富的食品，如猴头菇营养粉、云芝糖肽、灵芝猴头羹等。在饮品方面，目前发酵乳饮料的类型愈加呈现多样化，如姜汁饮料、南瓜胡萝卜发酵饮料以及菊花发酵乳饮料等。除上述发酵型饮料外，还有以食用菌为主要原料制成的饮料。

（2）医药

微生物种类繁多，多样性复杂，为制药研究提供了更为广泛的研究范围，而常见的微生物制药方法主要有微生物转化制药、利用微生物的菌体直接制药、利用微生物酶制药，产品主要包括维生素、抗癌药物、抗生素、医用酶和多价不饱和脂肪酸等。然而，抗生素的滥用使病原微生物获得抗药性的速度远快于人类从陆生微生物中获得新抗生素的速度，资源的减少以及需求的增长使陆地微生物资源越来越不能满足人们的需要，人们的目光转向了海洋微生物。海洋微生物可产生多种类型的活性物质，其中包括抗菌、抗肿瘤、酶抑制剂、多肽及治疗相关的药物（游竣骅，2019）。海洋微生物制药业尚处于起步阶段，随着中国经济的不断发展，海洋微生物制药业已被纳入经济发展的重点，以缓解我国药物资源压力、促使经济产业发展、实现新的技术改革，具有巨大的发展潜力。

2.3 在环境保护领域的应用

2.3.1 植物资源

河口湿地植物可以直接吸附环境中的污染物修复环境，同时，河口湿地植物可以被开发为多种生态修复材料，提高环境修复效率（孔丝纺等，2015；苏芳莉等，2017）。

生物质炭是一种多功能材料，具有丰富的孔结构、较大的比表面积（图 2-1），表面富含活性基团，对环境污染物具有较强的吸附作用，因此在环保领域被广泛应用（孔丝纺等，2015；Oliveira et al.，2017），为河口湿地植物提供了新的资源化利用途径。目前，用于制备生物质炭的河口湿地植物资源主要包括芦苇和互花米草，但多处于实验和试验阶段，尚未大范围推广应用。

互花米草生物质炭和芦苇生物质炭对水体中重金属具有较强的吸附作用（Li et al.，2013；杨卓等，2016；仇祯等，2018）。为提高生物质炭的吸附性能，可用不同的方法对生物质炭进行改性或活化。例如，孟庆瑞等（2017）以芦苇和互花米草为原材料，通过氯化镁改性制备了高效吸附磷的生物质炭，并应用于富营养化水体中磷的去除。王正芳等（2011）以磷酸为活化剂，通过控制活化温度和浸渍比制备了具有不同化学性质的互花米草生物质炭。在实际应用中，互花米草生物质炭被用于吸附土壤中的三氯生污染物（罗力等，2017），芦苇改性生物质炭被用于太湖水生态修复（龚宇鹏，2017），均取得了良好的修复效果。未经加工的芦苇以及芦苇活性炭也可作为废水处理的潜在吸附剂（Ahmed，2017）。

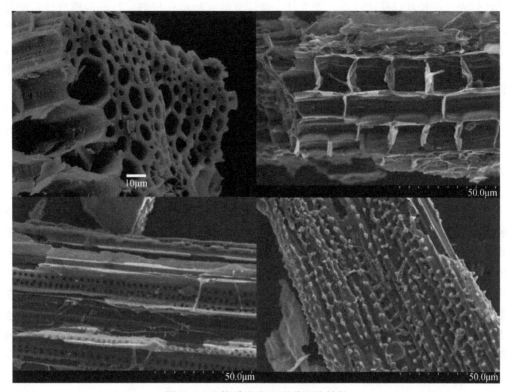

图 2-1　生物质炭表面形貌和孔结构

2.3.2　贝类资源

（1）吸附材料

贝壳的多孔构造使其具备了良好的吸附和包合能力，能够很好地吸附水中的污染物。随着环保意识的增强，牡蛎壳良好的吸附性能开始得到研究者的关注，研究者在除磷、吸附重金属、脱色、脱硫等方面进行了深入的研究，并取得了不少成果。牡蛎壳吸附性能在环境治理中的应用研究将成为继补钙剂后牡蛎壳综合利用的又一热点。在低氧条件下，煅烧牡蛎壳制备的废水处理材料对有机磷的去除效率高达98%。将扇贝壳用0.5%盐酸清洗、1050℃高温煅烧，获得主要成分为CaO的贝壳吸附材料，这种吸附材料具有优异的微观结构，孔隙率高，孔结构以中孔为主，多孔结构的直径是活性炭的5倍以上，比表面积是活性炭的2.5倍，对分子量较大的污染物和体积尺寸较大的细菌具有较强的吸附能力，是一种可广泛应用于吸附各种气体和液体杂质、各种细菌的新型功能吸附材料（胡学寅等，2008）。

（2）贝壳礁

近年来，随着海洋渔业资源的衰退和海洋生态环境的恶化，利用水产养殖贝类和捕捞贝类废弃贝壳制作贝壳礁进行海洋生态修复的探索受到重视，在天然牡蛎礁生态修复和浅海贝壳礁人工生境建设方面开始应用贝壳（王莲莲等，2015）。目前，贝壳礁建设主要使用扇贝壳和牡蛎壳，在长江口使用牡蛎壳作为牡蛎礁恢复的底物替代材料，牡蛎种群数量有明显增长，牡蛎礁区水生生态系统的结构与功能得到明显改善，产生了 11 万元/（$km^2 \cdot a$）的海洋生态系统服务价值。2011 年启动的美国切萨皮克湾哈里斯溪的牡蛎礁修复涉及多个合作机构，是目前全球最大规模的牡蛎礁修复项目，从前期设定修复目标、规划项目，到实施后的长年监测与评估，耗时 8 年，共修复 $1.42km^2$ 牡蛎礁，为其他国家的大型生态修复项目提供了可借鉴的经验。经估算，哈里斯溪修复的牡蛎礁每年可移除 46 650kg 氮和 2140kg 磷，这一生态系统服务功能每年至少创造 300 万美元的价值，渔业总产出每年增长 2300 万美元。

2.3.3 微生物资源

微生物具有降解转化物质的巨大潜力，可以将土壤、地下水或海洋中的危险性污染物降解成二氧化碳和水或转化成无害物质。在污染物降解方面，丹阳珥陵农民通过引进德国拜耳技术，以及在耕作农田堆放秸秆和利用相关土壤微生物制剂，形成"农药污水微生物处理机"，对残留农药和重金属的污水体进行治理，每亩收入提高 161 元，增收 12.28%，平均每亩减少施药 1~2 次，减少农药使用量 60%（任广旭和王东阳，2018）。江西省南丰县通过引入"农药残留微生物降解技术"，使喷洒农药降解率达到 95% 以上，产品达到了无公害和绿色食品的标准。在固体废弃物降解方面，日本科学家发现 *Ideonella sakaiensis* 能够利用自身的酶降解聚对苯二甲酸乙二醇酯（ployethylene terephthalate，PET，一次性水瓶、塑料膜主要材料），将其水解为对苯二甲酸和乙二醇两种对环境友好的物质。

2.4 河口湿地特色资源开发利用存在的问题

2.4.1 植物资源

河口湿地植物可以吸附水体或土壤中的营养盐、重金属和其他污染物，收割植物可以转移吸附的污染物达到净化环境的目的。资源化利用植物生物质可以实现植物资源的可持续利用，但目前河口湿地植物资源开发利用存在以下问题：

1）河口湿地植物茎秆以直接利用为主，如作为饲料或燃料，深度加工的利用方式大多还处于实验室技术研发阶段，如厌氧发酵、制药和生物质炭制备等，缺乏实际应用和大范围推广。

2）河口湿地植物原料的收集、运输和加工成本较高，产量低，在一定程度上限制了推广应用。

3）资源化利用时，缺乏对河口湿地植物资源供应、社会产品需求以及投入产出比的分析，存在资源化利用不可持续的风险。

2.4.2 贝类资源

河口贝类资源丰富，它们在维持河口生态系统结构、净化河口水质等方面具有重要的生态价值。经济贝类的肉可供食用，贝壳在食品、医药、生态环保、工艺品、建筑等行业也具有较高的开发利用价值，但其资源化利用仍存在一些问题。

1）目前我国海洋贝壳资源开发利用的产品主要集中在初级产品阶段，如食品添加剂中的贝壳粉，相比于骨粉并无优势；工艺品主要集中于针对低端旅游市场的挂件摆件；化妆品行业主要是利用贝壳的珍珠层提供珍珠粉作为原材料等，产品科技含量和附加值都较低。

2）缺乏规模化贝壳处理技术。目前贝类清洗、储存、贝肉加工等基本采取粗放式处理，造成黄水（泥水）、黑水（污水）、白水（贝壳汤水）污染环境，不符合环保要求。

3）全国范围内缺乏规模化的贝壳资源集散地。一方面，我国沿海贝类产地牡蛎壳、贻贝壳、扇贝壳等堆积如山，无法处理也运不出去；另一方面，贝壳资源利用企业找不到成规模的货源，增加了生产成本，亟须建立全国性的集散中心，协调二者矛盾。

2.4.3 微生物资源

目前，位于海陆交错带的河口湿地特色微生物资源开发利用较少，且在开发利用过程中存在以下问题。

（1）目的菌株获取、改良和培养技术要求高，难度大

菌株保藏机构的现有菌株有限，更多的时候需要根据自己的开发意图分离筛选菌株；通常目的菌株产率较低或有缺陷，需要进行改良；改良后的优良菌株要开展放大实验或中试，进一步实现产业化。上述各个环节都是一项艰巨、细致的工作，技术水平要求高，同时需要技术人员具有扎实的专业知识和实验技能，这在一定程度上限制了微生物资源的开发利用。

（2）微生物资源的收集与开发周期长，成本高

微生物资源的收集、整理、鉴定与保藏的工作量大，周期长，需要投入大量的人力和物力，尤其是专业技术人员。但我国微生物资源开发利用的支持力度不够，产品转化能力不足，缺乏新菌株、新基因和新物质的大规模高通量筛选鉴定技术平台，单纯依靠技术人员的基础实验，难以提高资源挖掘效率。

（3）对河口湿地特色微生物资源的认识不足

很多特殊生境和特殊功能微生物资源的研究刚刚起步，我国河口湿地微生物资源的研究多停留在微生物群落组成和多样性的基础层次，缺乏对功能性微生物菌种的系统研发。在海洋和陆地的双重作用下，河口湿地的微生物资源究竟有多少种类？哪些是具有特殊功能的微生物？有何开发利用价值？这些尚未解决的问题都是河口湿地微生物资源开发利用的重要前提和基础，但尚未引起足够的重视，且技术投入不足。

第 3 章　黄河河口湿地生物资源现状

3.1　研究方法

3.1.1　野外调查、采样和文献调研

（1）植物资源

2017 年 10 月，在黄河三角洲东营、昌邑和滨州布设 65 个样地，每个样地布设一个 50m×1m 的样带，调查典型滨海湿地植物群落物种组成，记录样带内出现的物种名称。

2018 年 7 月，黄河口潮间带和滩涂布设 7 个样地，共布设 21 个样方，调查典型植物群落结构，包括盐地碱蓬、互花米草、芦苇和柽柳群落，记录样方内的物种名称、高度和盖度。其中，草本植物调查样方为 1m×1m，灌木群落调查样方为 5m×5m。同时，采集互花米草和芦苇秸秆，带回实验室，以分析其基本理化性质。

以"黄河三角洲"、"黄河口"和"植物"为关键词，在中国知网（CNKI）检索文献，调研黄河口湿地植物资源概况。

（2）底栖动物资源

2018 年 6 月和 9 月，在黄河口布设 18 个样地，采集不同生境（潮间带、芦苇浅滩、芦苇深滩、柽柳区、翅碱蓬区和滩涂）的大型底栖动物样品，带回实验室鉴定。

2018 年 7 月和 11 月，在黄河口飞燕滩、采油五队、明源闸和 3 号闸等 7 个样地的潮间带采集大型底栖动物样品，带回实验室鉴定。

以"黄河三角洲"、"黄河口"、"底栖动物"、"贝类"和"贝壳"为关键词，在 CNKI 检索文献，调研黄河口湿地贝类资源概况。

（3）微生物资源

2018 年 6 月，在黄河口布设 18 个样地，采集裸地、盐地碱蓬群落、柽柳群落、芦苇群落、旱柳（*Salix matsudana*）群落的土壤样品，置于低温保温箱密闭保存，用于筛选耐盐促生菌。

以"黄河三角洲"、"黄河口"、"微生物"、"细菌"和"真菌"为关键词，在 CNKI 检索文献，调研黄河口湿地微生物资源概况。

3.1.2　实验室分析

3.1.2.1　植物理化性质测定

植物样品带回实验室后，均匀摊开，剔除沙砾和石子等杂物后，用水清洗，自然风

干。将风干后的植物样品切割成 2~3cm 的小段，用粉碎机粉碎，过 2mm 筛，密封保存。测定植物样品的半纤维素、纤维素和木质素含量以及 C、H、O、N 元素组成。

（1）纤维素、半纤维素和木质素含量

差重法测定纤维素、半纤维素和木质素含量（杜甫佑等，2004）。

取约 2g 植物样品放入 60℃ 的烘箱中烘干至恒重。取两份 0.500g 恒重的平行样品，分别置于 100mL 碘量瓶中，各加入 50mL 中性洗涤剂，之后放入已沸的高压灭菌锅，100℃ 保温 1h，取出后，用恒重的耐酸漏斗（重量为 W_{01}）过滤，滤渣用热水洗至滤液无中性洗涤剂且 pH = 7.0，再用丙酮洗 2 次，放入烘箱中烘干，称量耐酸漏斗和样品的总重（W_1），将其中一份滤渣在 550℃ 马福炉中灰化 4h，得灰分 W。

取出上述一份干样，放入 100mL 碘量瓶中，加入 50mL 2mol/L 的盐酸溶液，放入已沸的高压灭菌锅中，100℃ 准确保温 50min。取出后，用重量为 W_{02} 的耐酸漏斗过滤至中性，滤液用地衣酚试剂测定半纤维素的量，滤渣依次用 95% 乙醇、无水乙醇和丙酮洗涤 2 次，耐酸漏斗和滤渣于 60℃ 烘箱中烘至恒重 W_2。

将上述滤渣放入 50mL 烧杯中，加入 5mL 制冷的 75% 的硫酸，室温水解 3h 后，再加入 45mL 水，室温过夜，次日用平底砂芯滤斗（重量为 W_{03}）过滤，用蒸馏水洗滤渣至滤液 pH = 6.5~7.0，滤渣和平底砂芯滤斗在 60℃ 下烘至恒重 W_3，差重为 $W_3 - W_{03}$。

将滤渣和平底砂芯滤斗在 550℃ 马福炉中灰化 4h，干燥器中平衡至恒重 W_4，差重为 $W_3 - W_4$，灰分为 $W_4 - W_{03}$，按上述过程测定另外平行样品 3 份。

计算方法：

$$\text{半纤维素的百分含量}(\%) = \left[(W_1 - W_{01} - W) - (W_2 - W_{02})\right] / 0.500 \times 100\% \tag{3-1}$$

$$\text{纤维素的百分含量}(\%) = \left[(W_2 - W_{02}) - (W_3 - W_{03}) - (W_4 - W_{03})\right] / 0.500 \times 100\% \tag{3-2}$$

$$\text{木质素的百分含量}(\%) = (W_3 - W_4) / 0.500 \times 100\% \tag{3-3}$$

（2）C、H、N、O 元素含量

用 vario MICRO cube 型元素分析仪（德国 Elementar 牌）测定 C、H、O、N 元素含量。该仪器以氦气作为载气，根据氧气高温下的催化燃烧原理工作，通过氦气流中氧气的高温燃烧测定各元素含量。仪器预热 2.5h 后，称取样品 2~3mg，包裹于锡箔纸中，确保样品无损后放入元素分析仪，经仪器自动分析后得到 C、H、O、N 元素数据。

3.1.2.2 贝类的营养成分测定

通过对黄河三角洲大型底栖动物的采集和数据整理，四角蛤蜊、泥螺与托氏昌螺（*Umbonium thomasi*）具有较广的分布范围和较高的生物量。将四角蛤蜊、泥螺和托氏昌螺样品用清水浸泡，剔除肉质部分，冲洗干净，自然晾晒干燥或 40℃ 烘箱烘干。干燥后的样品研磨，过 5mm 筛，密封保存。依据相关标准规范测定营养成分，包括水分、灰分、粗脂肪、碳水化合物、粗蛋白、可溶性蛋白、氨基酸和矿物质元素等。依据的标准规范如下：

贝壳氨基酸含量测定依据《饲料中氨基酸的测定》（GB/T 18246—2019）；

贝壳脂肪酸含量测定依据《饲料中脂肪酸含量的测定》（GB/T 21514—2008）；

贝壳水分、粗脂肪和蛋白质含量测定依据《饲料中水分、粗蛋白质、粗纤维、粗脂肪、赖氨酸、蛋氨酸快速测定近红外光谱法》（GB/T 18868—2002）；

贝壳灰分含量测定依据《饲料中粗灰分的测定》（GB/T 6438—2007）；

贝壳微量元素含量测定依据《牲畜饲料 用 ICP-AES 测定钙、钠、磷、镁、钾、铁、锌、铜、锰、钴、钼、砷、铅和镉》（EN 15510—2007）。

3.1.2.3 微生物群落结构分析

采集的土壤样品低温保存，在微生物测试专业机构采用 Illumina MiSeq 测序平台测定微生物群落结构。测量过程采用 CTAB 或 SDS 方法对样本的基因组 DNA 进行提取，并对 DNA 的纯度和浓度进行检测。根据测序区域的选择，使用带标签序列（Barcode）的特异引物和高保真 DNA 聚合酶对选定的 V3 ~ V4 可变区进行 PCR 扩增。PCR 产物用 2% 琼脂糖凝胶电泳进行检测，并对目标片段进行切胶回收，切胶回收采用 AxyPrep DNA 凝胶回收试剂盒（AXYGEN 公司）。参照电泳初步定量结果，对 PCR 扩增回收产物用 QuantiFluor™-ST 蓝色荧光定量系统（Promega 公司）进行检测定量，按照每个样本的测序量要求，进行相应比例的混合。使用 NEB Next® Ultra™ DNA Library Prep Kit 建库试剂盒进行文库构建。构建好的文库通过 Agilent Bioanalyzer 2100 和 Qubit 进行质检，文库质检合格后进行上机测序。

3.2 黄河河口湿地植物资源现状

3.2.1 文献调研

截至 2002 年，黄河河口共有植物 393 种（含变种），其中浮游植物 116 种（含变种），蕨类植物 4 种，裸子植物 2 种，被子植物 271 种（单子叶植物 87 种，双子叶植物 184 种）。按照《中国植被》区划，黄河口位于暖温带落叶阔叶林区域，暖温带北部落叶栎林亚地带，黄、海河平原栽培植被区，植物区系以温带成分为主（吴征镒，1980）。

截至 2002 年，黄河口植被面积为 653.19km²，植被覆盖率为 53.7%，植被组成以自然植被为主，自然植被面积为 509.15km²，占植被面积的 77.9%，是中国沿海最大的海滩自然植被区。黄河口的人工植被主要是刺槐林，面积为 56.03km²，与黄河口周边地区的人工刺槐林连接成一片，面积达 113.00km²，是中国平原地区最大的人工刺槐林。

黄河口湿地为新生湿地，区域内基本没有地带性植被，多属隐域性植被，植物种类的分布受周围生境的影响比较明显。在黄河及引黄灌渠的两岸、坑塘和洼地，水分充足，土壤潮润，形成了以芦苇植被为主的沼泽植被。在地势低平、受海潮侵蚀的滩涂，土壤含盐量高，主要分布着柽柳（*Tamarix chinensis*）、盐地碱蓬（*Suaeda salsa*）和芦苇（*Phragmites australis*）等盐生植物。由滩涂向内陆推进，盐生碱蓬逐渐增多，构成单优势的肉质盐生植物群落，同时在有柽柳种子库的区域逐渐发育成柽柳灌丛。随着地势的升高，土壤含盐量降低，有机质增加，形成了有一定抗盐特征的草甸植被，建群种和优势种主要有蒿类（*Artemisia* spp.）、獐毛（*Aeluropus sinensis*）、白茅（*Imperata cylindrica*）、狗尾草（*Setaria viridis*）、中华补血草（*Limonium sinense*）等。在黄河的北侧河滩地上，土壤的含盐量较低，土壤较为肥沃，分布着天然柳林，主要品种有旱柳（*Salix matsudana*）和杞柳（*Salix integra*）等，林下植被为白茅、芦苇；黄河口湿地的水生植被主要分布在沟渠、河流、水库和池沼中，有以金鱼藻（*Ceratophyllum demersum*）为主的沉水水生植被、以浮萍（*Lemnaminor*）和紫萍（*Spirodela polyrhiza*）为主的浮水水生植被和以莲（*Nelumbo nucifera*）为主的挺水水生植被（吴大千，2010）。

根据 2014 年遥感数据与实测数据的反演结果，黄河口湿地植被地上生物量干重约为 4.55×10^5 t。生物量具有明显的空间差异，呈现出南多北少、东多西少的分布特征（刘莉等，2017）。北部低值区分布在近海的淤泥质海滩，近海处植被生长受到海水的影响，南部高值区分布在远离海岸的灌丛沼泽和草本沼泽；东部高值区多分布在一些生境改善恢复区和生产控制区内，植被生长受到人类活动的影响，西部低值区多分布在生态保育区内，受人类活动影响较小（刘莉等，2017）。

3.2.2 野外调查

2017 年 10 月采用样带法调查了黄河三角洲东营、昌邑和滨州的典型滨海湿地植物群落。按照植物出现的频次（表 3-1），东营滨海湿地出现最多的 3 种植物分别是芦苇（35次）、柽柳（24 次）、盐地碱蓬（22 次）。昌邑滨海湿地出现频次最多的 3 种植物分别是盐地碱蓬（23 次）、柽柳和茵陈蒿（均为 18 次），此外芦苇出现频次较多，为 15 次。滨州贝壳堤滨海湿地调查区域较小，出现物种数量较少，出现最多的是青蒿（4 次），其次是芦苇和鹅绒藤（均为 3 次）、盐地碱蓬（2 次）。整体来看，盐地碱蓬、芦苇和柽柳在黄河三角洲滨海湿地占据重要地位，属于建群种。

表 3-1　黄河三角洲滨海湿地主要植物名录及出现频次

植物名	属名	科名	出现频次		
			东营	昌邑	滨州
碱蓬	碱蓬属	藜科	20	6	2
盐地碱蓬	碱蓬属	藜科	22	23	2
二色补血草	补血草属	白花丹科	2	9	2
獐毛	獐毛属	禾本科	1	12	
柽柳	柽柳属	柽柳科	24	18	
芦苇	芦苇属	禾本科	35	15	3
茵陈蒿	蒿属	菊科		18	
猪毛菜	猪毛菜属	藜科		3	
鹅绒藤	鹅绒藤属	萝藦科	11	5	3
长裂苦苣菜	苦苣菜属	菊科	16	5	
灰绿藜	红叶藜属	苋科		4	
藜	藜属	藜科	1	1	
苦荬菜	苦荬菜属	菊科		2	

植物名	属名	科名	出现频次		
			东营	昌邑	滨州
狗尾草	狗尾草属	禾本科		6	1
罗布麻	罗布麻属	夹竹桃科	8		
白茅	白茅属	禾本科	8		
青蒿	蒿属	菊科	7		4
旱柳	柳属	杨柳科	4		
绿蓟	蓟属	菊科	7		
无苞香蒲	香蒲属	香蒲科	3		
野大豆	大豆属	豆科	2		
酸模叶蓼	蓼属	蓼科	1		
巴天酸模	蓼属	蓼科	1		
阿尔泰狗娃花	狗娃花属	菊科			1
艾	蒿属	菊科			1
兴安胡枝子	胡枝子属	豆科			1
南玉带	天门冬属	百合科			1
柠条锦鸡儿	锦鸡儿属	豆科			3
砂引草	砂引草属	紫草科			1

2018 年 7 月在黄河口潮间带和滩涂布设 21 个样方调查植物资源。结果显示，盐地碱蓬植株矮小（12~29.1cm），盖度低（2%~60%），资源化利用价值低。芦苇和互花米草多集群分布，生长茂盛，盖度接近 100%，芦苇植株高度可达 176cm，互花米草植株高度可达 130cm（表 3-2）。互花米草群落中混杂生长有枯枝和鲜枝，且枯枝量极大，多倒伏，地表有积水，散发植物腐烂的气味。芦苇群落中也包括枯枝和鲜枝，与互花米草相比，其枯枝量较小，多直立生长，无异常气味。

表 3-2 不同类型植物群落特征

测定指标	盐地碱蓬		互花米草		芦苇	柽柳
	稀疏区	密集区	稀疏区	密集区		
株数	11~66	148~294	55~78	86~112	67~95	9~21
植株高度（cm）	12~28.8	15.2~29.1	45~106	105~130	54~176	85~110
盖度（%）	40~60	2~20	32~45	82~91	65~97	15~42
土壤水分（%）	40.8~45.9	45.9~44.6	39.3~42.8	40.7~41.3	39.5~47.5	39.4~41.1

3.2.3 典型植物的理化特性

芦苇和互花米草是黄河口湿地内分布广泛、生物量大的典型植物资源，具有潜在的开发利用价值。2018年7月，中国环境科学研究院研究团队采集了黄河口芦苇和互花米草已枯萎的和处于生长初期的植株样品，分析其基本元素含量，即C、H、O、N。

结果显示，芦苇和互花米草植物样品的C含量最高，占比为41.76%~45.04%；其次是O含量，占比为39.29%~42.47%；N含量最低，占比仅为0.42%~1.04%（图3-1）。芦苇的C和O含量高于互花米草，且枯萎植株的C和O含量高于生长初期植株。芦苇和互花米草的H和N含量无明显差异，枯萎植株的N含量低于生长初期植株。原因在于，随着生长期的延长，植株体内的部分N通过植物自身的新陈代谢作用转移到果实中，部分被自然界中的微生物分解为氨气进入大气，导致N含量的降低。

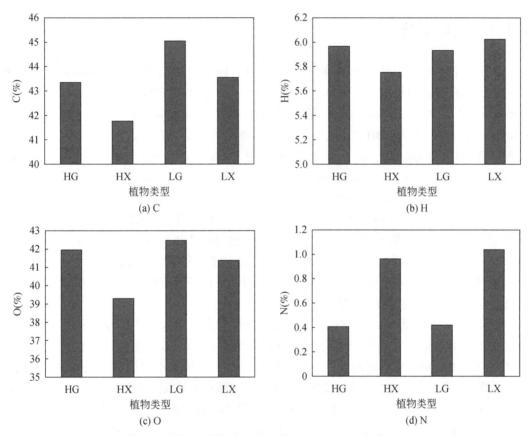

图3-1 黄河口芦苇和互花米草C、H、O、N元素组成

HG指枯萎的互花米草植株；HX指生长初期的互花米草植株；LG指枯萎的芦苇植株；LX指生长初期的芦苇植株

已有研究表明，随着生长期的延长，互花米草中挥发性固体、C/N、半纤维素和木质素含量均不断增加，纤维素含量降低（陈广银等，2011）。由于互花米草是一种盐生植物，互花米草中金属离子的含量较高，其中Na^+的含量最高，为14 349.09~47 593.20mg/kg，K^+（6715.70~160 812.99mg/kg）、Ca^{2+}（3374.58~7521.62mg/kg）和Mg^{2+}（2985.98~5819.87mg/kg）的含量相当。随着生长期的延长，互花米草中4种金属离子的含量均大幅降低，达到成熟期后，体内的金属离子含量也达到一个相对稳定的阶段。

根据前人研究结果，芦苇的纤维素含量为38.49%~44.94%，单株纤维素含量随着收获时间的推迟呈逐渐增加的趋势，7月初至9月中旬纤维素含量增长速率较快，9月中下旬纤维素含量增长速率缓慢，已基本达到最大值。芦苇的半纤维素含量为37%左右，受收获时间的影响较小。芦苇木质素含量为20.70%~25.87%，随收获时间的推迟呈现缓慢增加的趋势（朱作华等，2017）。综合分析，9月中旬前后收割的芦苇干重指标较大，木质素含量相对更低，而半纤维素、纤维素含量较高，适合用作纤维质原料。

3.3 黄河河口湿地贝类资源现状

3.3.1 文献调研

根据文献调研，黄河口湿地主要贝类资源为四角蛤蜊（*Mactra veseriformis*）、文蛤（*Meretrix meretrix*）、彩虹明樱蛤（*Moerella iridescens*）、光滑河蓝蛤（*Potamocorbula laevis*）、秀丽织纹螺（*Nassarius festivus*）、托氏蜎螺（*Umbonium thomasi*）、扁玉螺（*Neverita didyma*）等（严润玄等，2019）。有较高经济价值的贝类主要有四角蛤蜊、文蛤、光滑河蓝蛤、毛蚶（*Scapharca subcrenata*）、青蛤（*Cyclina sinensis*）、日本镜蛤（*Dosinia japonica*）、缢蛏（*Sinonovacula constricta*）、长竹蛏（*Solen gouldi*）、小刀蛏（*Cultellus attenuatus*）和扁玉螺（张旭，2009）。

四角蛤蜊在黄河口潮间带分布广泛，资源量丰富。1988年东营市海洋与水产研究所开展的潮间带主要经济贝类资源调查中，四角蛤蜊平均栖息密度和平均生物量为44.92inds/m² 和208.11g/m²；2004年的调查研究中，四角蛤蜊平均栖息密度和平均生物量分别为52.78inds/m² 和123.14g/m²。近年来，黄河口潮间带四角蛤蜊年平均栖息密度可达98inds/m²，年平均生物量达182.5g/m²（刘强等，2018）。

相关环境质量报告显示，2006~2008年泥螺成为黄河口入侵种，分布范围逐年扩大，超过80%的潮间带滩涂均有泥螺分布。2010年春秋两季，入侵生物泥螺优势度分别为0.028和0.021，成为中潮区的优势种。2012年开始，泥螺基本占据了广饶县潮间带的大部分区域，成为广饶县的优势种。2012年黄河口泥螺分布范围持续扩大，向北已扩展至滨州沿岸潮间带滩涂，滩涂局部区域泥螺最高密度达160inds/m²。作为外来物种，泥螺分布区域和产量逐年扩大，东营市采取多种方式控制其进一步扩散发展。2013年，东营市开展的滩涂生物调查显示，泥螺生物量明显降低，为15.84inds/m²（赵文溪等，2017）。

3.3.2 野外调查

2018年6月和9月共采集到大型底栖动物54种，其中6月采集到25种，9月采集到50种，主要包括内肋蛤（*Endopleura lubrica*）、泥螺、托氏蜎螺、织纹螺、四角蛤蜊、河蚬、豆形拳蟹、日本大眼蟹、长吻沙蚕、舌形贝、天津厚蟹、菲律宾蛤仔、巢沙蚕、凸旋螺、纹沼螺、耳萝卜螺、窄小朱砂螺、拟水狼蛛、大蚊幼虫、摇蚊幼虫、中华绒螯蟹、掘穴蚁、直隶环毛蚓、拟沼螺、绒毛近方蟹、脉红螺、缢蛏、双齿围沙蚕、沙蟷、光滑狭口螺、宽身大眼蟹、大鳍弹涂鱼、琥珀螺、肖蛸科、长角涵螺、划蝽科、水蝇科、艾蛛、葛氏长臂虾和小刀蛏等。

2018 年 7 月和 11 月分别采集到 18 种和 14 种大型底栖动物，物种组成以软体动物占绝对优势。高潮带优势种为沙蚕科和日本大眼蟹，中潮带优势种为日本大眼蟹、托氏蜎螺和小亮樱蛤，低潮带优势种为四角蛤蜊，其中焦河蓝蛤在 7 月部分断面低潮带具有极高丰度，最高达 1183inds/m²。

7 月，潮间带大型底栖动物平均生物量 64.7g/m²，高潮带平均生物量 15.6g/m²，中潮带 44.8g/m²，低潮带 133.6g/m²，其中 3 号闸低潮带四角蛤蜊生物量极高，达 266.1g/m²；11 月，大型底栖动物平均生物量 36.5g/m²，高潮带平均生物量 13.4g/m²，中潮带 23.9g/m²，低潮带 79.5g/m²，其中 3 号闸低潮带四角蛤蜊生物量极高，达 287.6g/m²。

3.3.3 优势底栖动物的理化特性

采集了黄河口分布范围广、生物量大的四角蛤蜊、泥螺与托氏蜎螺样品，并测定了它们的营养成分，包括水分、灰分、粗脂肪、碳水化合物、粗蛋白、可溶性蛋白、氨基酸和矿物质元素等。

三类贝壳的水分含量高低顺序为四角蛤蜊（80.9g/100g）>泥螺（76.6g/100g）>托氏蜎螺（28g/100g），灰分含量的变化趋势与之相反，四角蛤蜊、泥螺与托氏蜎螺的灰分含量分别是 3.71%、11.7% 和 61.3%（图 3-2）。

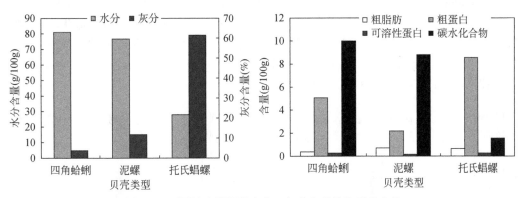

图 3-2 不同贝壳资源的水分、灰分和营养物质的含量

就营养物质而言（图 3-2），泥螺（0.74g/100g）和托氏蜎螺（0.63g/100g）的粗脂肪含量高于四角蛤蜊（0.37g/100g）；托氏蜎螺的蛋白质含量最高，为 8.54g/100g，四角蛤蜊的次之，为 5.03g/100g，泥螺的最低，为 2.19g/100g；泥螺的可溶性蛋白含量（0.14g/100g）低于四角蛤蜊（0.26g/100g）和托氏蜎螺（0.25g/100g）；碳水化合物含量的高低顺序为四角蛤蜊（9.99g/100g）>泥螺（8.77g/100g）>托氏蜎螺（1.53g/100g）。

就氨基酸而言，四角蛤蜊的氨基酸含量最高，托氏蜎螺的次之，泥螺的最低，其中脯氨酸含量最高，为 9.72 ~ 12.43g/kg（图 3-3）。

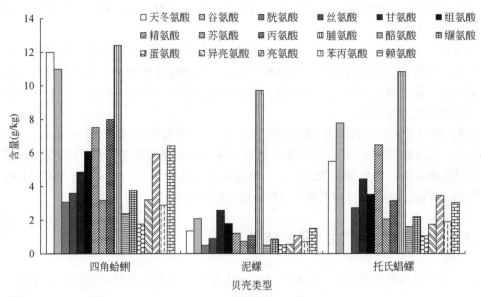

图3-3　不同贝壳资源的氨基酸含量

就矿物质元素而言（图3-4），泥螺和托氏娼螺具有较高的钙含量，分别是13 926.3mg/kg和16 695.7mg/kg，四角蛤蜊的钙含量较低，为1270.7mg/kg；三类贝壳资源也具有较高的钠含量，泥螺的最高，为6923.1mg/kg，四角蛤蜊和托氏娼螺的钠含量分别是4353.5mg/kg和4331.6mg/kg；泥螺的钾含量最高，为3635.2mg/kg，其次是四角蛤蜊（2370.6mg/kg），托氏娼螺的最低（773.6mg/kg）；四角蛤蜊（712.1mg/kg）和泥螺（572.9mg/kg）的镁含量高于托氏娼螺（153mg/kg）；磷含量的高低顺序为四角蛤蜊（1445mg/kg）>泥螺（626mg/kg）>托氏娼螺（317mg/kg）；铁、铜、锌、锰和硒的含量均在泥螺中最高，四角蛤蜊和托氏娼螺的较低。

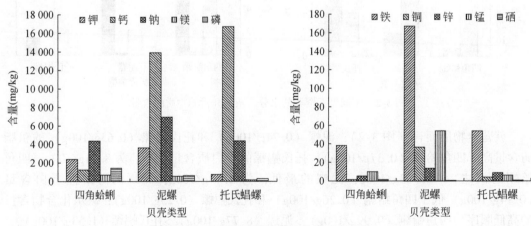

图3-4　不同贝壳资源的矿物质元素含量

3.4 黄河河口湿地微生物资源现状

3.4.1 文献调研

根据文献调研，黄河三角洲不同盐生植被土壤中的细菌有变形菌门（Proteobacteria）、绿弯菌门（Chloroflexi）、酸杆菌门（Acidobacteria）、拟杆菌门（Bacteroidetes）、浮霉菌门（Planctomycetes）、放线菌门（Actinobacteria）、厚壁菌门（Firmicutes）、疣微菌门（Verrucomicrobia）、蓝菌门（Cyanobacteria）和异常球菌–栖热菌门（Deinococcus-Thermus），其中变形细菌是优势类群（邢平平，2013）。异常球菌–栖热菌门是光板地土壤中的优势类群，异常球菌–栖热菌门的出现可作为土壤环境恶化的标志类群，酸杆菌门在白茅地（轻盐地）和罗布麻地（轻盐地）土壤中所占比例很大。厚壁菌门在重盐地土壤中所占比例稍大，能够抵抗极端环境。

黄河口潮滩细菌总数分布范围为 0.71 万~8.07 万 cells/g（干物质），平均值为 2.16 万 cells/g（干物质）；8 月的细菌总数最高，平均值为 3.18 万 cells/g（干物质），11 月和 3 月分别为 1.29 万 cells/g（干物质）和 1.49 万 cells/g（干物质），总体上呈现出 8 月>3 月>11 月的季节分布趋势。空间分布上，细菌总数由近岸至离岸先增大后减少，由北部潮间带向南部潮间带逐渐增加。就特征功能菌而言，硫酸盐还原菌数量明显高于氨化细菌和铁细菌，是数量较多的微生物群落（刘陆，2014）。

黄河三角洲不同覆被类型土壤中的真菌包括子囊菌门（Ascomycota）、担子菌门（Basidiomycota）、壶菌门（Chytridiomycota）、球囊菌门（Glomeromycota）以及毛霉亚门（Mucoromycotina）。光板地土壤中检测到子囊菌门、担子菌门、壶菌门和毛霉亚门共 4 个真菌门。翅碱蓬群落土壤中检测到 3 个真菌门，分别是子囊菌门、担子菌门和壶菌门。獐毛地群落、白茅群落和罗布麻土壤中均检测到 5 个真菌门。此外，除光板地土壤中担子菌门相对丰度略高于子囊菌门外，子囊菌门在翅碱蓬群落、獐毛地群落、白茅群落及罗布麻群落土壤中的相对丰度均高于担子菌门。结果表明，子囊菌门是 5 种不同的覆被类型下最优势的菌群，而担子菌门则是次优势菌群（邢平平，2013）。

3.4.2 实验室分析

2018 年 7 月 21 日在黄河三角洲选择 6 个有代表的生境进行采样（表 3-3），经过 16S rRNA 分析，研究不同群落或生境中的不同微生物组成和结构。研究共检测出细菌 57 门、140 纲、394 目、680 科、1309 属、2805 种，其中优势菌门为子囊菌门；真菌 10 门、32 纲、74 目、172 科、302 属、417 种，其中优势菌门为变形菌门；丛枝菌根真菌 5 目、8 科、10 属、54 种，优势丛枝菌根真菌属于球囊霉属。

表 3-3　采样生境的地理位置信息

序号	生境	坐标
LD	裸地	37°46′52″N，119°3′40″E
XLW	小芦苇	37°45′33″N，119°9′47″E
DLW	大芦苇	37°45′44″N，119°9′2″E
YC	盐地碱蓬潮间带	37°45′48″N，119°2′30″E
LWD	芦苇+荻	37°45′45″N，119°2′46″E
CL	柽柳	37°45′30″N，119°9′51″E

在不同的生境条件下，微生物的组成和结构不同。根据物种注释结果，选取每个样本或分组在各分类水平上（门、纲、目、科、属）最大丰度排名前 10 的物种，生成物种相对丰度柱状堆积图（图 3-5）。结果显示，变形菌门菌是植物群落土壤中最主要的菌种，而在裸地土壤中，芽单胞菌门菌占主要地位。在小芦苇、大芦苇以及芦苇+荻的群落中，土壤中含有比其他几个样地更高含量的酸杆菌门菌。在盐地碱蓬潮间带和柽柳群落这两个生境中，拟杆菌门是占第二主导地位的菌门。

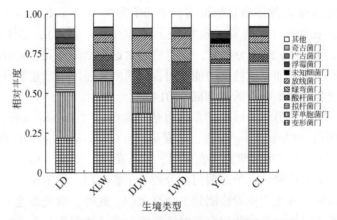

图 3-5　门水平上的物种相对丰度柱状堆积图

通过多序列比对得到前 100 属的代表序列的系统发生关系，结果表明，变形菌门、酸杆菌门、拟杆菌门、放线菌门、绿弯菌门是主要的细菌门类，细菌是黄河三角洲土壤微生物的主要成分。其中，未确定的酸杆菌属、变形菌属、红杆菌属占很大一部分。

微生物物种的 α 多样性分析表明，群落的物种丰富度为小芦苇>大芦苇>芦苇+荻>柽柳>裸地>盐地碱蓬潮间带；群落的物种多样性为芦苇+荻>大芦苇>柽柳>小芦苇>盐地碱蓬潮间带>裸地（表 3-4）。

表 3-4　各样地的 α 多样性指数统计

序号	物种数	Shannon 多样性指数	Simpson 多样性指数	chao1 指数	ACE 指数	goods coverage 指数	PD whole Tree 指数
LD1	4201	9.27	0.993	4991.597	5249.596	0.976	382.313
LD2	3572	7.186	0.939	4375.767	4905.366	0.975	349.787

续表

序号	物种数	Shannon 多样性指数	Simpson 多样性指数	chao1 指数	ACE 指数	goods coverage 指数	PD whole Tree 指数
LD3	4279	8.778	0.984	5130.844	5626.234	0.973	386.136
XLW1	4348	9.526	0.993	5154.659	5530.595	0.975	382.962
XLW2	4611	9.693	0.993	5349.828	5729.602	0.975	394.015
XLW3	4428	9.887	0.995	5244.198	5422.787	0.976	382.957
DLW1	4407	9.842	0.996	5082.268	5401.424	0.977	379.355
DLW2	4505	10.275	0.998	5180.678	5530.616	0.976	396.626
DLW3	4592	10.273	0.998	5272.826	5451.54	0.978	393.862
LWD1	4826	10.56	0.998	5552.521	5641.551	0.978	411.754
LWD2	4430	10.043	0.997	5113.15	5398.814	0.977	383.259
LWD3	4130	9.98	0.997	4704.491	4864.847	0.981	367.561
YC1	4440	9.619	0.993	5125.068	5470.05	0.976	403.763
YC2	3905	9.005	0.992	4590.565	4932.931	0.977	380.764
YC3	4409	10.001	0.996	4553.125	4784.566	0.987	392.27
CL1	3990	9.623	0.995	4634.67	4751.629	0.98	365.562
CL2	4402	10.08	0.996	5004.487	5164.047	0.979	399.24
CL3	4386	9.916	0.996	5635.577	5756.018	0.972	396.172

微生物的 β 多样性分析结果表明，大芦苇群落与芦苇+荻群落在土壤微生物多样性上的差异最小，而裸地与芦苇+荻群落在土壤微生物多样性上的差异最大（图 3-6）。

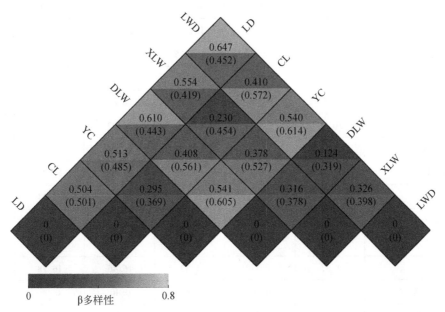

图 3-6 β 多样性指数热图

方格中的数字是样本两两之间的相异系数，相异系数越小的两个样本，物种多样性的差异越小；
同一方格中，上下两个值分别代表加权 Unifrac 距离和非加权 Unifrac 距离

第4章 黄河河口湿地资源开发利用潜力

4.1 黄河河口湿地变化趋势

4.1.1 土地利用类型变化

1990～2009 年的土地利用数据显示（表 4-1），1990～2005 年，黄河口的土地利用类型主要包括海涂、高覆盖度草地、平原区旱地、中覆盖度草地、盐碱地、河渠、工交建设用地、低覆盖度草地、水库/坑塘、其他未利用土地、沼泽地、滩地、有林地、农村居民点用地和湖泊。2005～2009 年，湖泊和其他未利用土地消失，有林地、灌木林地、其他林地和疏林地出现。

表 4-1 黄河三角洲自然保护区土地利用面积 （单位：km²）

土地利用类型	1990 年	1995 年	2000 年	2005 年	2007 年	2009 年
海涂	341.23	382.68	368.82	224.87	329.12	382.13
高覆盖度草地	217.46	185.31	184.96	144.47	23.16	23.76
平原区旱地	215.29	189.70	192.75	203.08	194.12	192.66
中覆盖度草地	131.11	80.59	93.11	90.50	46.12	46.02
盐碱地	71.50	82.09	69.87	96.85	61.99	61.04
河渠	50.10	52.19	50.75	34.03	40.18	35.13
工交建设用地	53.16	34.07	33.58	60.64	119.97	111.81
低覆盖度草地	15.47	25.36	34.70	25.38	17.25	16.97
水库/坑塘	8.39	29.42	28.47	39.97	33.21	65.92
其他未利用土地	12.44	113.12	86.64	89.54	—	—
沼泽地	10.40	10.40	10.40	10.32	149.74	152.02
滩地	1.37	1.37	1.37	16.46	16.78	16.60
农村居民点用地	0.77	0.46	0.46	0.40	0.06	0.06
湖泊	0.81	2.60	2.30	0.55	—	—
有林地	—	—	0.42	—	0.18	0.18
灌木林地	—	—	—	—	15.39	15.68

续表

土地利用类型	1990 年	1995 年	2000 年	2005 年	2007 年	2009 年
其他林地	—	—	—	—	7.17	8.37
疏林地	—	—	—	—	1.62	1.62
总计	1129.49	1189.37	1158.59	1037.08	1056.05	1129.95

注：不同土地利用类型面积保留两位小数，因四舍五入，求和计算总面积时会有出入，下同。

随着时间的推移，黄河口的优势土地利用类型发生变化。1990 年的优势土地利用类型包括海涂、高覆盖度草地、平原区旱地和中覆盖度草地，所占比例分别为 30.21%、19.25%、19.06% 和 11.61%。1995～2005 年的优势土地利用类型包括海涂、高覆盖度草地和平原区旱地，所占比例分别为 21.68%～32.18%、13.93%～15.96% 和 15.95%～19.58%。2007 年的优势土地利用类型包括海涂、平原区旱地、沼泽地和工交建设用地，所占比例分别为 31.16%、18.38%、14.18% 和 11.36%。2009 年的优势土地利用类型包括海涂、平原区旱地和沼泽地，所占比例分别为 33.82%、17.05% 和 13.45%（表 4-1）。

4.1.2 土地利用转移

1990～1995 年，土地利用发生转移的类型主要包括高覆盖度草地、工交建设用地、海涂、平原区旱地和中覆盖度草地（表 4-2）。高覆盖度草地中 67.56% 未转移，15.41% 转出为其他未利用土地，9.32% 转出为海涂，4.03% 转出为低覆盖度草地。工交建设用地中 60.37% 未转移，38.56% 转出为水库/坑塘，1.07% 转出为低覆盖度草地。海涂中 92.44% 未转移，5.07% 转出为高覆盖度草地。平原区旱地中 88.10% 未转移，9.07% 转出为高覆盖度草地。中覆盖度草地中 49.20% 未转移，50.80% 转出为其他未利用土地。

1995～2000 年，土地利用发生转移的类型主要包括高覆盖度草地、其他未利用土地、水库/坑塘、盐碱地和中覆盖度草地（表 4-3）。高覆盖度草地中 94.80% 未转移，5.05% 转出为平原区旱地。其他未利用土地中 78.86% 未转移，12.57% 转出为海涂，8.32% 转出为低覆盖度草地。水库/坑塘中 96.77% 未转移，2.24% 转出为高覆盖度草地。盐碱地中 91.25% 未转移，5.15% 转出为低覆盖度草地，3.60% 转出为平原区旱地。中覆盖度草地全部转出为高覆盖度草地。

2000～2005 年，土地利用发生转移的类型主要包括低覆盖度草地、高覆盖度草地、工交建设用地、海涂、河渠、湖泊、平原区旱地、其他未利用土地、水库/坑塘、滩地、盐碱地和中覆盖度草地（表 4-4）。低覆盖度草地中 62.51% 未转移，33.23% 转出为其他未利用土地。高覆盖度草地中 74.73% 未转移，8.72% 转出为盐碱地，7.27% 转出为平原区旱地。工交建设用地中 71.25% 未转移，25.30% 转出为盐碱地。海涂中 80.64% 未转移，7.09% 转出为工交建设用地，5.38% 转出为中覆盖度草地。河渠中 49.29% 未转移，29.29% 转出为滩地，5.96% 转出为高覆盖度草地。湖泊中 23.91% 未转移，76.09% 转出为平原区旱地。平原区旱地中 95.01% 未转移，其余转出为高覆盖度草地、河渠和水库/坑

表 4-2　黄河三角洲自然保护区土地利用转移矩阵（1990～1995 年）

土地利用类型		低覆盖度草地	高覆盖度草地	工交建设用地	海涂	河渠	湖泊	农村居民点用地	平原区旱地	其他未利用土地	水库/坑塘	滩地	盐碱地	沼泽地	中覆盖度草地
高覆盖度草地	面积（km²）	8.77	146.93	0.58	20.27	0.01	0.03	—	0.01	33.52	—	—	5.25	—	2.10
	占比（%）	4.03	67.56	0.27	9.32	0.01	0.01	—	0.01	15.41	—	—	2.41	—	0.97
工交建设用地	面积（km²）	0.57	—	32.08	—	—	—	—	—	—	20.49	—	—	—	—
	占比（%）	1.07	—	60.37	—	—	—	—	—	—	38.56	—	—	—	—
海涂	面积（km²）	—	16.96	—	309.08	—	0.01	—	—	0.39	—	—	2.32	—	5.58
	占比（%）	—	5.07	—	92.44	—	0.01	—	—	0.12	—	—	0.69	—	1.67
平原区旱地	面积（km²）	0.01	19.53	1.09	—	0.01	1.75	—	189.66	—	0.54	—	2.68	—	0.01
	占比（%）	0.00	9.07	0.51	—	0.01	0.81	—	88.10	—	0.25	—	1.24	—	0.01
中覆盖度草地	面积（km²）	—	—	—	—	—	—	—	0.01	66.59	—	—	—	—	64.49
	占比（%）	—	—	—	—	—	—	—	0	50.80	—	—	—	—	49.20

表 4-3　黄河三角洲自然保护区土地利用转移矩阵（1995～2000 年）

土地利用类型		低覆盖度草地	高覆盖度草地	工交建设用地	海涂	河渠	湖泊	农村居民点用地	平原区旱地	其他未利用土地	水库/坑塘	滩地	盐碱地	有林地	沼泽地
高覆盖度草地	面积（km²）	—	168.98	—	0.01	—	—	—	9	—	—	—	—	0.26	—
	占比（%）	—	94.80	—	0	—	—	—	5.05	—	—	—	—	0.15	—
其他未利用土地	面积（km²）	9.14	—	—	13.81	—	—	—	—	86.64	—	—	0.27	—	—
	占比（%）	8.32	—	—	12.57	—	—	—	—	78.86	—	—	0.25	—	—
水库/坑塘	面积（km²）	—	0.66	0.08	—	—	—	—	0.21	—	28.47	—	—	—	—
	占比（%）	—	2.24	0.27	—	—	—	—	0.72	—	96.77	—	—	—	—
盐碱地	面积（km²）	3.9	—	—	—	—	—	—	2.73	—	—	—	69.11	—	—
	占比（%）	5.15	—	—	—	—	—	—	3.60	—	—	—	91.25	—	—
中覆盖度草地	面积（km²）	—	14.4	—	—	—	—	—	—	—	—	—	—	—	—
	占比（%）	—	100	—	—	—	—	—	—	—	—	—	—	—	—

表 4-4 黄河三角洲自然保护区土地利用转移矩阵（2000～2005 年）

土地利用类型		低覆盖度草地	高覆盖度草地	工交建设用地	海涂	河渠	湖泊	平原区旱地	其他未利用土地	水库/坑塘	滩地	盐碱地	中覆盖度草地
低覆盖度草地	面积（km²）	21.43	0.35	—	0.15	0.11	—	—	11.39	0.02	—	0.83	—
	占比（%）	62.51	1.02	—	0.44	0.32	—	—	33.23	0.06	—	2.42	—
高覆盖度草地	面积（km²）	—	138.2	0.19	2.31	0.99	—	13.44	0.05	7.36	1.03	16.12	5.23
	占比（%）	—	74.73	0.10	1.25	0.53	—	7.27	0.03	3.98	0.56	8.72	2.83
工交建设用地	面积（km²）	—	0.07	23.94	0.02	—	—	0.45	0.13	0.48	—	8.5	0.01
	占比（%）	—	0.21	71.25	0.06	—	—	1.34	0.38	1.43	—	25.30	0.03
海涂	面积（km²）	2.61	0.38	16.73	190.34	3.81	—	—	—	—	0.17	9.3	12.71
	占比（%）	1.11	0.16	7.09	80.64	1.61	—	—	—	—	0.07	3.94	5.38
河渠	面积（km²）	—	2.91	0.6	1.74	24.08	—	1.59	—	2.37	14.31	0.03	1.82
	占比（%）	—	5.96	0.31	3.56	49.29	—	3.26	—	4.85	29.29	0.06	3.73
湖泊	面积（km²）	—	—	—	—	—	0.55	1.75	—	—	—	—	—
	占比（%）	—	—	—	—	—	23.91	76.09	—	—	—	—	—
平原区旱地	面积（km²）	—	2.06	0.6	—	2.69	—	183.13	—	2.78	—	0.03	1.46
	占比（%）	—	1.07	0.31	—	1.40	—	95.01	—	1.44	—	0.01	0.76
其他未利用土地	面积（km²）	—	—	18.46	0.06	—	—	—	68.12	—	—	—	—
	占比（%）	—	—	21.31	0.07	—	—	—	78.62	—	—	—	—
水库/坑塘	面积（km²）	—	0.27	0.07	0.2	0.11	—	0.47	—	25.24	—	1.09	1.29
	占比（%）	—	0.39	0.25	0.70	0.39	—	1.65	—	88.65	—	3.83	4.53
滩地	面积（km²）	—	0.23	—	—	0.13	—	0.35	—	—	0.89	—	—
	占比（%）	—	—	—	—	9.49	—	25.55	—	—	64.96	—	—
盐碱地	面积（km²）	1.34	—	0.06	4.87	0.38	—	—	—	0.67	—	60.3	1.84
	占比（%）	1.92	—	0.09	6.98	0.54	—	—	—	0.96	—	86.48	2.64
中覆盖度草地	面积（km²）	—	0.23	0.6	7.03	1.14	—	1.53	9.85	0.99	0.06	0.66	66.1
	占比（%）	—	0.26	0.68	7.97	1.29	—	1.74	11.17	1.12	0.07	0.75	74.95

塘等。其他未利用土地中 78.62% 未转移，21.31% 转出为工交建设用地。水库/坑塘中 88.65% 未转移，4.53% 转出为中覆盖度草地，3.83% 转出为盐碱地。滩地中 64.96% 未转移，25.55% 转出为平原区旱地，9.49% 转出为河渠。盐碱地中 86.48% 未转移，6.98% 转出为海涂。中覆盖度草地中 74.95% 未转移，11.17% 转出为其他未利用土地，7.97% 转出为海涂。

2005～2009 年，土地利用发生转移的类型主要包括低覆盖度草地、高覆盖度草地、工交建设用地、海涂、河渠、平原区旱地、其他未利用土地、水库/坑塘、滩地、盐碱地、沼泽地和中覆盖度草地（表 4-5）。低覆盖度草地中 32.95% 未转移，29.95% 转出为平原区草地，16.93% 转出为工交建设用地，13.26% 转出为盐碱地。高覆盖度草地中 35.79% 未转移，21.85% 转出为平原区旱地，16.63% 转出为灌木林地，8.00% 转出为工交建设用地，6.84% 转出为其他林地，6.01% 转出为水库/坑塘。工交建设用地中 93.77% 未转移，其余转出为海涂和盐碱地等。海涂中 94.37% 未转移，其余转出为工交建设用地和河渠等。河渠中 88.12% 未转移，9.54% 转出为海涂。平原区旱地中 91.64% 未转移。其他未利用土地中 47.34% 转出为海涂，36.59% 转出为水库/坑塘，14.06% 转出为盐碱地。水库/坑塘中 91.93% 未转移，其余转出为工交建设用地和盐碱地等。滩地中 97.82% 未转移。盐碱地中 42.54% 未转移，29.43% 转出为工交建设用地，21.43% 转出为海涂。沼泽地中 76.13% 未转移，23.87% 转出为工交建设用地。中覆盖度草地中 27.04% 转出为平原区旱地，26.59% 转出为工交建设用地，14.93% 转出为低覆盖度草地，14.77% 转出为海涂，8.60% 转出为盐碱地。

4.1.3　湿地面积变化

基于 1992～2015 年黄河口地区的 Landsat TM/ETM 数据，黄河口湿地总面积减少，各类湿地面积有增有减，部分区域湿地表现出破碎化趋势特征（李刚等，2016）。滩涂湿地主要分布在北部和东部，黄河入海口区域滩涂湿地面积扩张趋势明显；草甸湿地分布区域减小；河流湖泊湿地面积变化缓中有增；人类活动影响明显，北部一处水库坑塘逐渐消失，盐田及养殖池区域面积由零星点状分布增至南、北较大面积分布。黄河口湿地以天然湿地为主，近 24 年来，天然湿地面积减少明显，呈萎缩趋势，人工湿地面积增加迅速，呈扩张趋势，黄河口湿地总面积萎缩，整体呈湿地退化和人工化趋势。天然湿地中，滩涂湿地面积最大，草甸湿地面积减少最为明显，除河流湖泊湿地面积平缓上升外，其他天然湿地面积均呈下降趋势；人工湿地中，水库坑塘湿地和盐田及养殖池面积均呈上升趋势，其中盐田及养殖池面积增加明显，表现出强烈的扩张趋势。

根据 2015 年第二次全国土地调查数据，黄河口陆域面积为 1217.37km²，其中一千二保护区 270.42km²，黄河口保护区 946.95km²。黄河口土地利用类型可分为湿地和非湿地两类，其中湿地土地利用类型包括沟渠、灌木林地、河流水面、坑塘水面、内陆滩涂、其他草地、其他林地、人工牧草地、水库水面、天然牧草地、沿海滩涂、盐碱地和有林地，面积共计 1101.88km²，所占比例为 90.51%。沿海滩涂、盐碱地和内陆滩涂所占面积较大，分别占黄河口陆域面积的 29.78%、14.75% 和 13.64%。

表4-5 黄河三角洲自然保护区土地利用转移矩阵（2005～2009年）

土地利用类型		低覆盖度草地	高覆盖度草地	工交建设用地	灌木林地	海涂	河渠	农村居民点用地	平原区旱地	其他林地	疏林地	水库/坑塘	滩地	盐碱地	有林地
低覆盖度草地	面积（km²）	5.39	—	2.77	—	0.67	0.38	—	4.90	—	—	0.08	—	2.17	—
	占比（%）	32.95	—	16.93	—	4.10	2.32	—	29.95	—	—	0.49	—	13.26	—
高覆盖度草地	面积（km²）	0.96	23.03	5.15	10.70	0.39	0.41	—	14.06	4.40	—	3.87	0.74	0.53	0.11
	占比（%）	1.49	35.79	8.00	16.63	0.61	0.64	—	21.85	6.84	—	6.01	1.15	0.82	0.17
工交建设用地	面积（km²）	0.35	—	56.46	—	1.84	—	—	0.31	—	—	0.20	—	1.05	—
	占比（%）	0.58	—	93.77	—	3.06	—	—	0.52	—	—	0.33	—	1.74	—
海涂	面积（km²）	1.64	—	4.57	—	188.43	3.15	—	—	—	—	—	0.13	1.75	—
	占比（%）	0.82	—	2.29	—	94.37	1.58	—	—	—	—	—	0.06	0.88	—
河渠	面积（km²）	0.68	—	0.07	—	3.10	28.63	—	0.17	—	—	—	0.52	—	—
	占比（%）	0.39	—	0.22	—	9.54	88.12	—	0.52	—	—	—	1.60	—	—
平原区旱地	面积（km²）	0.06	0.09	1.50	4.98	—	0.32	0.01	159.67	3.97	1.62	0.93	0.31	0.08	0.07
	占比（%）	0.07	0.05	0.86	2.86	—	0.18	0.01	91.64	2.28	0.93	0.53	0.18	0.05	0.04
其他未利用土地	面积（km²）	—	—	1.39	—	40.78	0.18	—	—	—	—	31.52	0.10	12.11	—
	占比（%）	—	—	1.61	—	47.34	0.21	—	—	—	—	36.59	0.12	14.06	—
水库/坑塘	面积（km²）	—	—	1.52	—	0.01	—	—	0.08	—	—	28.46	—	0.89	—
	占比（%）	—	—	4.91	—	0.03	—	—	0.26	—	—	91.93	—	2.87	—
滩地	面积（km²）	—	—	—	—	—	—	—	0.08	—	—	0.23	13.93	—	—
	占比（%）	—	—	—	—	—	—	—	0.56	—	—	1.62	97.82	—	—
盐碱地	面积（km²）	2.02	—	27.01	—	19.67	0.72	—	3.07	—	—	0.25	—	39.05	—
	占比（%）	2.20	—	29.43	—	21.43	0.78	—	3.35	—	—	0.27	—	42.54	—
沼泽地	面积（km²）	—	—	1.21	—	3.86	—	—	—	—	—	—	—	—	—
	占比（%）	—	—	23.87	—	76.13	—	—	—	—	—	—	—	—	—
中覆盖度草地	面积（km²）	5.61	0.63	9.99	—	5.55	1.31	—	10.16	—	—	0.23	0.86	3.23	—
	占比（%）	14.93	1.68	26.59	—	14.77	3.49	—	27.04	—	—	0.61	2.29	8.60	—

4.2 黄河河口湿地资源开发利用潜力评价

4.2.1 湿地特色资源开发利用潜力评价指标体系

湿地特色资源开发利用潜力评估的核心是建立评价指标体系，而评价指标体系的构建必须着眼于湿地资源可持续发展。本书综合考虑了河口湿地特色资源自身的禀赋条件、开发利用条件及其开发利用效益等因素，结合前人相关研究（吕建树和刘洋，2010；周亚福等，2013；戴桂林等，2017），建立了河口湿地特色资源开发利用潜力评价指标体系，包括目标层、综合层、要素层和指标层 4 层（表 4-6）。

表 4-6　河口湿地特色资源开发利用潜力评价指标体系框架

目标层（A）	综合层（B）	要素层（C）	指标层（D）
河口湿地特色资源开发利用潜力评估	特色资源禀赋（B1）	资源质量（C1）	资源质量（D1）
		资源数量（C2）	资源可获取量（D2）
	开发利用条件（B2）	开发利用强度（C3）	开发利用现状（D3）
		开发利用价值（C4）	直接利用价值（D4）
			间接利用价值（D5）
		资源投入（C5）	原料收储运难易程度（D6）
			原料预处理复杂程度（D7）
	开发利用效益（B3）	社会效益（C6）	当地居民收入（D8）
		经济效益（C7）	区域经济发展（D9）
		环境效益（C8）	环境质量改善程度（D10）

结合资料调研和实地调研，按照评价标准评分量化各评价指标。各评价指标分为 V1（优）、V2（良）、V3（一般）和 V4（差）4 个等级。参考前人研究（吕建树和刘洋，2010）和研究区的实际状况制定了每个等级的赋分标准，4 个等级的分值分别是 4 分（V1）、3 分（V2）、2 分（V3）和 1 分（V4），介于两个等级之间的分值以两者的平均值计（表 4-7）。

表 4-7　河口湿地特色资源开发利用潜力评价指标的评价标准

评价指标	评价标准			
	V1（4 分）	V2（3 分）	V3（2 分）	V4（1 分）
资源质量	优质资源比例很高	优质资源比例高	优质资源比例一般	优质资源比例较低
资源可获取量	资源丰富，可获取量极大	资源丰富，可获取量大	资源可获取量一般	资源匮乏
开发利用现状	未开发利用	少量开发利用	适度开发利用	过度开发利用
直接利用价值	很高	高	一般	较差

评价指标	评价标准			
	V1（4分）	V2（3分）	V3（2分）	V4（1分）
间接利用价值	很高	高	一般	较差
原料收储运难易程度	很容易	容易	一般	困难
原料预处理复杂程度	很简单	简单	一般	复杂
当地居民收入	提供很多的工作岗位，大幅度提高当地居民收入	提供多的工作岗位，提高当地居民收入	提供少量的工作岗位，小幅度提高当地居民收入	不能提高当地居民收入
区域经济发展	极大程度地促进区域经济发展	一定程度地促进区域经济发展	对区域经济发展无影响	抑制区域经济发展
环境质量改善程度	极大程度地改善环境质量	一定程度地改善环境质量	对环境质量无影响	环境质量恶化

各指标分值的平均值即为湿地特色资源开发利用潜力综合得分，参考已有评价等级划分标准（吕建树和刘洋，2010），将湿地特色资源开发利用潜力分为 4 级：综合得分 ≥ 3.32，为 1 级潜力资源；综合得分 2.94 ~ 3.32，为 2 级潜力资源；综合得分 2.35 ~ 2.94，为 3 级潜力资源；综合得分 ≤ 2.35，为 4 级潜力资源。其中 1 级潜力资源具有最大开发潜力，基本无开发限制因素，最适合开发利用；2 级潜力资源具有较大开发潜力，有一定的开发限制因素；3 级潜力资源具有一般开发潜力，开发限制因素较多；4 级潜力资源的开发潜力最小，不适合进行开发利用。

4.2.2　河口湿地特色资源开发利用潜力

根据构建的评价指标体系，结合黄河口文献调研和实地调研数据，分析黄河口植物资源、贝类资源和微生物资源的开发利用潜力（表 4-8）。植物资源开发利用潜力最大（3.35 分），为 1 级潜力资源；其次是贝类资源（2.95 分），为 2 级潜力资源；微生物资源的开发利用潜力最小（2.65 分），为 3 级潜力资源。

表 4-8　黄河口湿地特色资源开发利用潜力各评价指标值

评价指标	植物资源	贝类资源	微生物资源
资源质量	4	3	3
资源可获取量	4	3	3
开发利用现状	3	3	4
直接利用价值	3.5	3.5	3.5
间接利用价值	3	3	3
原料收储运难易程度	4	3	1
原料预处理复杂程度	4	3	1
当地居民收入	2	2	2

续表

评价指标	植物资源	贝类资源	微生物资源
区域经济发展	3	3	3
环境质量改善程度	3	3	3
综合得分	3.35	2.95	2.65

（1）植物资源开发利用潜力

可资源化利用的河口湿地植物资源通常在空间上分布广泛，具有较强的耐盐、耐淹和繁殖能力，生物量大。植株体内含有丰富的蛋白质、氨基酸、脂肪酸和纤维素等成分，具有较高的食用、药用等开发利用价值。目前，受关注较多的河口湿地植物资源包括芦苇、海三棱藨草、盐地碱蓬、柽柳、互花米草和红树林（图 4-1）。其中，芦苇、柽柳和互花米草分布广泛，红树林群落主要分布在南方河口，盐地碱蓬群落主要分布在北方河口，海三棱藨草群落主要分布在长江口和杭州湾。

(a)芦苇　　　　　　　　　　(b)海三棱藨草

(c)盐地碱蓬　　　　　　　　(d)柽柳

(e)互花米草　　　　　　　　(f)红树林

图 4-1　河口湿地特色植物资源

芦苇是一种禾本科多年生草本植物，抗逆性强、适应性广、生长速度快、产量高，常形成密集的单优群落，可抑制风浪、减缓水流和沉积淤泥。此外，芦苇具有较强的吸附作用，是净化水质的优选植物。芦苇植株含有丰富的营养成分和纤维素，被广泛应用于造纸业、苇制品编织业和养殖业等，茎叶可作饲料，根状茎可供药用。

海三棱藨草是中国特有的盐沼物种，植物群落具有提供栖息地、维持生物多样性、消减波浪、固滩护堤和促进泥沙沉降等重要生态功能。海三棱藨草茎叶中的蛋白质含有16种氨基酸，蛋白质含量超过10%，高于一般的禾本科牧草，是一种优良牧草，可以发展畜牧业，加以适度利用。

盐地碱蓬是一种典型的盐碱指示物种，具有耐碱、耐旱、耐涝等特性，植物群落具有净化水体、防治重金属污染、消除盐碱荒芜滩涂、水土保持和重建盐碱地等生态功能。盐地碱蓬植株体内蛋白质、膳食纤维和维生素等营养成分丰富，食用和药用价值高，幼苗可做蔬菜，种子可榨油。

柽柳是一种沃土能力较强的盐生植物，植物群落在盐碱地改良、气候调节和防风固沙固堤等方面发挥了重要作用。柽柳不仅是重要的生态物种，而且可培育薪炭林，其枝条可用于编织工艺品，枝叶嫩时可入中药。柽柳枝条耐修剪，花期长，可用作园林景观植物。

互花米草是入侵我国沿海地区的外来植物，对我国沿海潮滩的保滩护岸、促淤造陆、改良土壤、绿化海滩和改善海滩生态环境起到了积极作用。互花米草扩散迅速，生物量大，植株具有较高的碳水化合物、蛋白质和脂肪储量以及高生产力和高储能，可用作肥料、饲料、造纸、燃料和化工原料等。

红树林是分布在热带或亚热带海岸，以木本植物为主的重要湿地类型，具有维持海岸带生物多样性、促淤造陆、防浪护堤、净化海水和大气、防止侵蚀等生态功能。此外，红树作为重要的经济树种，可提供建材、薪柴、食物、药物、饲料、肥料和化工原料等森林产品。

（2）贝类资源开发利用潜力

贝类资源为2级潜力资源，存在一定的限制开发利用因素，如预处理过程（焙烧、热解、水化等）复杂，生产成本高，且处理过程中可能会产生二次污染。目前，受关注较多的贝类资源主要有牡蛎壳、贻贝壳和河蚌壳等。

牡蛎是我国最大的养殖经济贝类之一，其加工产生的下脚料牡蛎壳高达数百万吨，已成为养殖区亟待解决的环境问题之一。牡蛎壳中碳酸钙为生物合成型碳酸钙，含量为94.3%。无机元素组成中钙含量达39.8%，磷0.089%；微量元素中锶含量高达2631mg/kg；牡蛎壳中含17种氨基酸，其中天冬氨酸含量最高为1800mg/kg。牡蛎壳有抗菌、吸附等独特的聚集态性能，在农产品加工和环境保护方面有广泛应用。

贻贝是一种可人工养殖的贝类，世界许多国家和地区都有养殖，北欧、北美、澳大利亚等地贻贝养殖盛行，我国的浙江、福建、山东、辽宁等沿海省盛产贻贝，每年的产量多达几十万吨。贻贝壳约占贻贝总质量的55%，贻贝壳的主要无机成分为碳酸钙（95%），还有一些有机物质（蛋白质和多糖）和镁、钾、锶、氮、硫、磷等微量元素，贻贝壳中的$CaCO_3$主要组成为方解石和文石。贻贝壳表面粗糙多孔，孔径在$2\sim10\mu m$，比表面积大，具有良好的吸附性，数量充足且廉价易得。国内外研究者对其再利用进行了一系列的探索，如作为钙添加剂、土壤改良剂、重金属吸附去除、污水处理材料等，以期对贻贝壳进行资源化利用。

河蚌壳的化学组成以无机成分为主，主要由碳酸钙组成；有机成分以蛋白质为主。河蚌壳蛋白的总含量约 3.01%，蛋白中氨基酸的质量分数为 2.09%，八种人体必需氨基酸中河蚌壳中含有六种。废弃蚌壳的用途非常广泛，河蚌壳在工艺品制作、水产等养殖业、食品加工业、医药医疗工业、燃煤固硫和脱硫技术、生物膜载体、仿生学等领域都有很好的应用和开发前景。

（3）微生物资源开发利用潜力

黄河口湿地微生物资源为 3 级潜力资源，开发利用的限制因素较多，主要包括微生物资源获取较难、产品生产过程复杂和开发技术要求高等。黄河口湿地土壤盐渍化现象严重，通过筛选土壤中的耐盐微生物，制备专性新型微生物肥料，对于改善土壤盐渍化和促进耐盐植物生长具有重要意义。固氮菌、磷细菌、钾细菌、菌根菌和光合细菌等是盐碱土改良利用的重要功能菌，多开发为菌肥应用于农业领域。

固氮菌属于细菌的一科，好氧、厌氧、兼性厌氧均有，有机营养型，能固定空气中的氮素。固氮菌对于增加作物产量以及合成蛋白质等方面有着极其重要的作用。目前，固氮菌肥料的生产是最主要的固氮菌应用方式，是一种较为理想和发展前途的肥料。固氮菌肥对棉花、水稻、小麦、花生、油菜、玉米、高粱、烟草、甘蔗以及各种蔬菜都有一定增产作用。

磷细菌又称解磷菌，主要是土壤中的一类溶解磷酸化合物能力较强的细菌的总称。主要有两类，一类称为有机磷细菌，主要作用是分解有机磷化物，如核酸、磷脂等；另一类称为无机磷细菌，主要作用是分解无机磷化物，如磷酸钙、磷灰石等。磷细菌主要是通过产生各种酶类或酸类而发挥作用，可用于制成细菌肥料。实践证明，磷细菌肥料对小麦、甘薯、大豆、水稻等多种农作物，以及苹果、桃等果树具有一定增产效果。农业上常用的磷细菌有解磷巨大芽孢杆菌，俗称"大芽孢"磷细菌，此外，还有其他芽孢杆菌和无色杆菌、假单胞菌等。

钾细菌又称解钾菌，是从土壤中分离出来的一种能分化铝硅酸盐和磷灰石类矿物的细菌，能作为微生物肥料，能够分解钾长石、磷灰石等不溶的硅铝酸盐的无机矿物，促进难溶性的钾、磷、镁等养分元素转化成为可溶性养分，增加土壤中速效养分含量，促进作物生长发育，提高产量。

菌根菌是特定的真菌与特定的植物的根系形成的相互作用的共生联合体。菌根菌能分解长石、磷灰石、泥炭、木质素等难分解的物质作营养，能选择性地吸收离子，累积高浓度重金属，使植物免受重金属危害，能吸收磷、氮和某些微量元素并传递给宿主植物，尤其能吸收低浓度的可溶性磷，防止有机磷的固定，并能增强植物抗旱能力。菌根菌在生长过程中能分泌生长素，如赤霉素、吲哚乙酸等，可促进植物生长。菌根菌在根上形成菌套或占满根的所有细胞，防止其他微生物侵入。有些菌根菌能产生抗生物质，在其周围形成无害的微生物相。菌根对酸雨的抗逆性也较强。

光合细菌是地球上出现最早、自然界中普遍存在、具有原始光能合成体系的原核生物，以光作为能源、能在厌氧光照或好氧黑暗条件下利用自然界中的有机物、硫化物、氨等作为供氢体兼碳源进行光合作用。它的细胞干物质中蛋白质含量高达到 60% 以上，其蛋白质氨基酸组成比较齐全，细胞中还含有多种维生素，尤其是 B 族维生素极为丰富，维生素 B2、叶酸、泛酸、生物素的含量也较高，同时还含有大量的类胡萝卜素、辅酶 Q 等生理活性物质。光合细菌可被用于净化水质、作为饲料添加剂、减少鱼类病害和培养有益藻类等。

4.2.3 河口湿地特色资源量

4.2.3.1 特色植物资源分布与生物量

以芦苇、互花米草、柽柳和盐地碱蓬作为典型河口特色植物资源，基于文献调研、遥感影像和土地利用数据，分别获取全国海岸带和黄河口范围内的特色植物资源分布与生物量信息（图 4-2）。

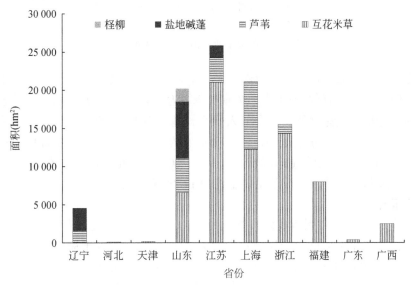

图 4-2 我国海岸带省份河口特色植物资源分布面积

资料来源：赵欣怡（2020）

（1）芦苇

芦苇是中国北方河口主要的湿地植被类型之一，生长时常伴生有碱蓬。江苏省是芦苇生长的分界点，江苏省以北区域的芦苇面积远远多于江苏省以南区域的芦苇面积，江苏省及其以南（除上海之外）区域以互花米草为优势种。经估算，2018 年我国海岸带芦苇分布面积约为 19 387hm²，85.7% 以上的芦苇分布在上海市（8864.8hm²）、山东省（4457.3hm²）和江苏省（3294.4hm²），浙江省和辽宁省各有少量芦苇分布。其中，山东省主要分布在黄河口，江苏省主要分布在射阳县至如东县的海岸，上海市主要分布在崇明岛周缘、九段沙和南汇东滩。

除沿海岸带分布的盐沼芦苇外，我国还分布有大量淡水芦苇，包括河北白洋淀、盘锦辽河三角洲、天津七里海和新疆博斯腾湖四大芦苇产地。白洋淀芦苇面积约 11.6 万亩，年产量 4.45 万 t；辽河三角洲芦苇湿地面积 120 万亩，年产量 50 万 t；七里海芦苇面积 5.5 万亩，年产量 1.5 万 t；博斯腾湖芦苇面积达 60 万亩，年产量 20 万 t（图 4-3）。

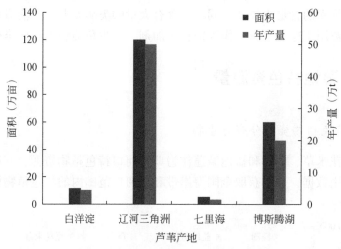

图4-3 芦苇主要产地的面积和年产量

芦苇在黄河口湿地分布广泛,植株高大,生长速度快,地下有发达的匍匐根状茎,并以根状茎繁殖为主,具有保土固堤、改善水质、为许多种鸟类提供栖息地等多种生态功能,是黄河口湿地的优势物种。综合前人研究,基于2015年第二次全国土地利用调查数据,获取了黄河口芦苇的分布范围,主要分布在保护区南区东部和中部区域的黄河口两岸,面积约11 599hm²。根据已有研究(丁蕾,2015),黄河口秋季芦苇平均生物量为1.004kg/m²,经估算,黄河口芦苇生物量约为11.65万 t/a。

(2)互花米草

互花米草于1979年被引入我国(徐国万等,1989),之后被人为引种到从广东至河北的沿海各地,造成互花米草在全国海岸带地区的疾速扩张。基于遥感影像数据和野外调查,研究人员对2007年和2014年前后互花米草的分布情况进行了全国范围的调查统计(表4-9)。2014~2015年,我国互花米草总面积为54 580~55 148hm²,最北分布于河北唐山市曹妃甸区南堡海岸,呈斑块状零星分布;南端为广西合浦县大风江河口地区,互花米草斑块明显扩大。山东内互花米草主要分布于河口港湾地区,黄河口互花米草扩张明显。江苏、上海、浙江及福建仍为互花米草的主要分布省份,江苏中部及杭州湾北部沿海地区互花米草条带继续向海方向推进,局部地区陆向一侧互花米草被垦殖明显。

表4-9 我国互花米草主要分布区及其分布面积 （单位：hm²）

年份	河北	天津	山东	江苏	上海	浙江	福建	广东	广西	总计
2007	474	163	686	18 711	4 741	4 812	4 166	546	95	34 394
2006~2008	241	570	564	17 842	5 336	5 092	3 932	349	251	34 177
2014		684	3 284	21 843	9 548	9 662	9 485	198	444	55 148
2015	26	426	2 484	18 363	10 109	14 282	7 267	780	843	54 580

对互花米草入侵历史过程的研究表明,1990~2015年,我国滨海湿地互花米草面积持续增长,但增长速度逐渐放缓。各省份因自然条件不同及人类活动干扰,互花米草扩散过程各

具特色。江苏海岸宽阔广泛的潮间带泥滩适宜互花米草生长扩散，促使 1990~2000 年江苏沿岸互花米草明显扩张；浙江、福建众多海湾为互花米草定植扩散提供有利条件；上海沿岸城市建设造成局部互花米草被围垦。目前上述省份互花米草已由快速扩散期过渡到稳定扩散阶段，甚至崇明东滩互花米草得到有效治理。山东、广西、河北及天津互花米草扩散势头强劲，山东黄河三角洲新生湿地泥滩宽广，利于互花米草扩散，这些地区的互花米草经过长时间驯化已适应当地自然条件，生存及扩散能力大大提升（刘明月，2018）。

在互花米草利用研究中，绝大多数是对互花米草地上生物质的利用。经估算，生长季末期我国互花米草地上干物质总量为 $7.5 \times 10^5 \sim 1.15 \times 10^6$ t/a，按照含水量82.5%计算的鲜重总量为 $4.29 \times 10^6 \sim 6.57 \times 10^6$ t/a。互花米草地上生物量相当于 2014 年我国农作物秸秆产量的 4.4%~6.7%。在互花米草主要分布区中，江苏的互花米草地上生物量占全国总量的35%~42%，江苏、上海、浙江和福建 4 个省份占93%~94%（图4-4）（谢宝华等，2019）。

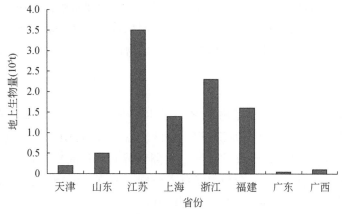

图4-4 我国各省份互花米草地上生物量

天津数据为天津与河北之和，资料来源：谢宝华等（2019）

1990 年前后，在黄河口五号桩附近引种了互花米草，随后互花米草呈爆发式扩散，侵占了黄河口大量的沿海土地。基于 2015 年第二次全国土地利用调查数据，综合前人关于互花米草入侵的研究，获取了黄河口互花米草的分布范围，面积约 3045hm^2，主要分布于黄河故道西侧、五号桩、孤东油田东南侧和黄河现行入海口两侧四个区域，其中黄河现行入海口两侧互花米草面积最广。基于文献中山东省生长季末期互花米草地上干物质生物量为 11 080kg/hm^2，估算黄河口互花米草地上生物量为 3.37 万 t/a。

（3）柽柳

柽柳在我国的原分布区集中于华北各省份，如河北、河南、山东、安徽、山西、天津等地区；华东地区、江苏北部沿海地区以及西北半干旱地区，如甘肃、陕西、青海、内蒙古等地区南部也有分布。由于是河岸林，柽柳在这些地区主要沿河流分布，主要是黄河及其支流，如挑河、渭河、泾河、洛河、无定河、汾河、沁河等，从而形成了我国华北至西北最集中的带状分布区。由于经济发展、人类活动频繁以及一些河流流域的缩减，柽柳原来的分布面积正在锐减。但由于在分布区的城镇中有一定的人工栽培，中国柽柳人工林面积不断增加，目前，最大的中国柽柳人工林在黄河三角洲地区，约 667km^2，是当地最重要的生态屏障。

在我国海岸带各省份，柽柳主要分布在山东省，除黄河三角洲外，莱州湾也分布有大面积的柽柳林。山东省莱州湾南岸昌邑国家级海洋生态特别保护区是以天然柽柳为主要保护对象的海洋保护区，生长大片茂盛的柽柳林，其中集中分布的柽柳面积达 2020hm^2，是我国北方现存面积最大的柽柳林滨海湿地。2014 年，应用比值植被指数（ratio vegetation index，RVI）三次多项式回归模型进行柽柳地上生物量遥感反演，估算昌邑柽柳林地上平均生物量为 0.75kg/m^2，总的生物量为 15 020t（杨国强等，2018）。

作为盐生植被的代表性植物，柽柳广泛分布在山东黄河三角洲国家级自然保护区富含盐碱的草地、滩涂、海滨沙地，形成大面积天然木本灌丛，构成黄河三角洲的特色植物资源。大面积的柽柳林分布于黄河三角洲大汶流管理站附近，成丛生长，并且随着生态恢复工程的实施，其面积逐年扩大。综合前人研究，基于 2015 年第二次全国土地利用调查数据，获取了黄河口柽柳的分布范围，主要分布在一千二管理站东西两侧、黄河口管理站潮滩和部分陆地区域，大汶流管理站也少许分布，面积约为 6237hm^2。参考山东省莱州湾南岸昌邑国家级海洋生态特别保护区柽柳灌丛地上生物量（0.75kg/m^2），估算黄河口柽柳地上生物量为 4.68 万 t/a。

（4）盐地碱蓬

盐地碱蓬是中国盐沼的先锋物种之一，主要分布在长江口以北省份，总面积为 12 029.8hm^2，其中山东盐地碱蓬面积最大，占碱蓬总面积的 61.9%，其余分布在辽宁和江苏。盐地碱蓬在高盐度盐碱地（如辽河三角洲、黄河三角洲）常形成单一的优势群落，但是在盐度低的海滨地区，一般会与狗尾草、柽柳、茅草等植物一起混合生长（如江苏、河北、天津等地），常见于黄河三角洲的一些地区。

辽河口的盐地碱蓬群落构成独具特色的"红海滩"景观，是盘锦市重要的生态旅游资源之一，具有极大的旅游和经济价值。但从 2001 年开始，由于多方因素的影响，辽河口滨海湿地内的盐地碱蓬群落出现严重退化。1997～2018 年，盐地碱蓬群落面积最大值为 2001 年的 74.99km^2，最小值为 2010 年的 6km^2，2018 年其面积为 35.3km^2。基于 Landsat 8 OLI 遥感数据，以归一化植被指数（normalized differential vegetation index，NDVI）反演辽河口滨海湿地盐地碱蓬群落的地上生物量，经估算，2016 年盐地碱蓬地上生物量为 3.32×10^6 kg（温广玥，2020）。

盐地碱蓬在黄河三角洲海岸带广泛分布，黄河入海口北部的盐地碱蓬盐沼湿地是目前黄河三角洲中面积最大、结构最完整的盐地碱蓬分布区。山东黄河三角洲国家级自然保护区一千二管理站由于长期淡水补给不足，海岸带湿地水位下降，土壤盐度显著增加，滩涂的盐地碱蓬出现退化、死亡、面积萎缩减少等状况。1984～2015 年，黄河三角洲的盐地碱蓬面积一直呈减少趋势。1984 年，黄河三角洲的盐地碱蓬面积是 902.01km^2，2015 年其面积萎缩至 162.72km^2（刘康等，2015）。综合前人研究，基于 2015 年第二次全国土地利用调查数据，获取了黄河口盐地碱蓬的分布范围，面积约 36.21km^2。根据 2011 年的实测数据，山东黄河三角洲国家级自然保护区盐地碱蓬平均地上生物量为 481.84g/m^2，估算黄河口盐地碱蓬生物量为 1.74 万 t/a。

4.2.3.2 特色贝类资源分布与生物量

河口是陆海交汇的场所，物理、化学因子的梯度变化使生物栖息生境高度异化，塑造了河口生态系统高生物多样性和生产力的特征。长期以来，我国的长江、黄河等典型河口就是重要的水生生物资源产卵场和栖息场所，如中华绒螯蟹、中国对虾、银鲳、凤鲚、棘头梅童鱼等。河口的贝类资源也非常丰富，很多种类具有经济价值，如长牡蛎、海湾扇贝、菲律宾蛤仔、中国蛤蜊、波纹巴非蛤、缢蛏、泥蚶、毛蚶、脉红螺、瘤荔枝螺等。

在近岸海域，经济贝类通常以筏式养殖或底播养殖方式进行生产。我国海水贝类的养殖始于20世纪70年代初期，据统计，1980年我国海水贝类年产量仅为23.4万t；1990年海水贝类年产量仅增长到147.3万t；但是20世纪的后十年海水贝类年产量得到迅猛地增长，到2000年已经达到901.7万t；进入21世纪后海水贝类年产量稳定增长，到2010年达到1170.4万t，2016年增长到1476.9万t。中国海水贝类年产量的具体信息如图4-5所示。

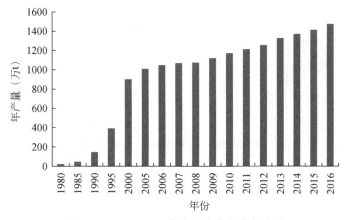

图 4-5 1980～2016年中国海水贝类年产量

由于中国各个省份所处的地理位置不同，各个省份的海水贝类养殖产量也有很大不同。海水贝类养殖主要集中在沿海省份，特别是山东、福建、广东、辽宁四个省份，占全国海水贝类养殖的大部分。图4-6是我国几大省份海水贝类产量的具体情况。

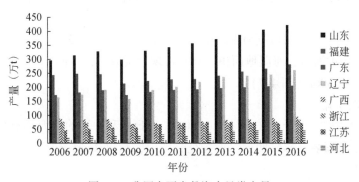

图 4-6 我国主要省份海水贝类产量

以黄河口常见经济贝类四角蛤蜊、文蛤、彩虹明樱蛤、泥螺，以及尚未开发利用的托氏蝠螺、光滑河蓝蛤等作为典型河口特色动物资源，基于文献调研和现场调查数据估算，探讨其分布及资源量。

（1）四角蛤蜊

四角蛤蜊分布极广，在我国渤海、黄海、东海、南海以及日本本州岛都有分布，其中尤以山东、辽宁为最多。它通常生活在潮间带至水深 30m 的浅海水域，属广温广盐性贝类，生存适温为 0～30℃，适盐范围为 1.4%～3.7%。

根据调查，在黄河口滨海湿地范围内四角蛤蜊平均密度为 64.6inds/m²，平均湿重生物量为 72.6g/m²。黄河口滨海湿地面积，潮间带面积约 322km²，潮下带约 468km²，共计 790km²。以此估算四角蛤蜊现存资源量，潮间带约为 20 800t，潮下带约为 30 200t，合计为 51 000t（图 4-7）。

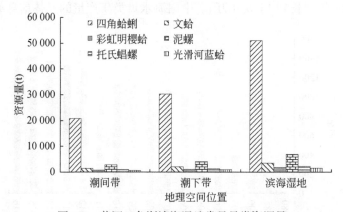

图 4-7　黄河三角洲滨海湿地常见贝类资源量

（2）文蛤

文蛤属广温性贝类，地理分布较广，主要分布于朝鲜、日本、越南、印度和中国沿海。我国以山东黄河口海域、辽宁辽河口海域、江苏长江口附近的吕泗海区及台湾西海岸一带资源尤为丰富。文蛤通常分布于平坦的沙质海滩，含沙率为 50%～90%，幼体多分布于高潮带下部，随着生长逐渐向中、低潮区移动，成体多见于中潮带下部，直至低潮线以下 5～6m 处。

根据调查结果，在黄河口滨海湿地范围内文蛤平均密度为 2.1inds/m²，平均湿重生物量为 4.4g/m²。按黄河口滨海湿地面积估算文蛤现存资源量，潮间带约为 1400t，潮下带约为 2100t，合计为 3500t（图 4-7）。

（3）彩虹明樱蛤

彩虹明樱蛤俗称海瓜子，在大洋洲、菲律宾、日本和中国的沿海均有分布，在长江口舟山海域出产最负盛名。彩虹明樱蛤贝壳呈长卵形，长仅 2cm，壳极薄而易碎，多分布于潮间带的泥滩中。

根据调查，在黄河口滨海湿地范围内彩虹明樱蛤平均密度为 34.9inds/m²，平均湿重生物量为 2.3g/m²。按黄河口滨海湿地面积估算彩虹明樱蛤现存资源量，潮间带约为 700t，潮下带约为1100t，合计为1800t（图4-7）。

（4）泥螺

泥螺在中国沿海都有出产，是典型的潮间带底栖动物，多栖息在中潮带的沙泥滩涂上，在风浪小、潮流缓慢的海湾中尤其密集，以东海和黄海产量最多。

根据调查，在黄河口滨海湿地范围内泥螺平均密度为20.1inds/m²，平均湿重生物量为8.67g/m²。按黄河口滨海湿地面积估算泥螺现存资源量，潮间带约为2800t，潮下带约为4100t，合计为6900t（图4-7）。

（5）托氏蝠螺

托氏蝠螺在我国沿海分布较广，栖息于河口区沙滩或泥沙滩。根据调查，在黄河口滨海湿地范围内托氏蝠螺平均密度为21.2inds/m²，平均湿重生物量为2.84g/m²。按黄河口滨海湿地面积估算托氏蝠螺现存资源量，潮间带约为900t，潮下带约为1300t，合计为2200t（图4-7）。

（6）光滑河蓝蛤

光滑河蓝蛤系广温性底栖贝类，中国南北沿海均有，分布在有淡水注入的高潮区泥沙滩中，营埋栖生活，在河口附近数量很大。根据调查，在黄河口滨海湿地范围内泥螺平均密度为13.76inds/m²，平均湿重生物量为1.98g/m²。按黄河口滨海湿地面积估算光滑河蓝蛤现存资源量，潮间带约为600t，潮下带约为900t，合计为1500t（图4-7）。

4.2.3.3 特色微生物资源量

微生物是一类物种丰富的生物资源和基因资源，分布广泛，资源量巨大。迄今为止我们所分离到的微生物主要有：真菌70 000多种、细菌5000多种、放线菌3000多种。而这些人类所知道的微生物不足自然界存在的微生物1%，其中被开发利用的还不到1%。

《中国微生物资源发展报告2019》称，2001～2019年，中国在微生物资源领域取得巨大发展。据全球微生物保藏中心信息网统计，中国菌种保藏中心共33个（表4-10），可共享的保藏菌株182 235株，保藏的菌株总量为世界第4位；世界各保藏中心共保有96 907个用于专利程序的生物材料，中国普通微生物菌种保藏管理中心保藏的专利菌株为11 977株，位于全球第2位。中国微生物界最大的菌种保藏组织是中国微生物菌种保藏管理委员会（CCCCM），目前已经建立了我国第一个统一数据结构的国家级菌种保藏数据库——国家菌种资源库，它适合我国微生物学界、医学界的科研人员在寻找微生物菌种时使用。

表4-10 我国主要微生物资源库

保藏单位（简称）	保藏范围
中国典型培养物保藏中心（CCTCC）	各类微生物
中国普通微生物菌种保藏管理中心（CGMCC）	普通微生物
中国农业微生物菌种保藏管理中心（ACCC）	农业微生物
中国林业微生物菌种保藏管理中心（CFCC）	林业微生物
中国医学微生物菌种保藏管理中心（CMCC）	医学微生物
中国兽医微生物菌种保藏管理中心（CVCC）	兽医微生物

保藏单位（简称）	保藏范围
中国药学微生物菌种保藏管理中心（CPCC）	药用微生物
中国工业微生物菌种保藏管理中心（中国食品发酵工业研究院应用微生物工程中心）（CICC）	工业微生物

　　虽然我国已取得一定微生物资源存量，但仍然存在资源存量种属分布不均、采样生境覆盖不全面等问题。在一些盐碱、干旱、高温、高盐等特殊生境条件下，存在许多极有价值的微生物资源亟待研究，其中深海及其沿海滩涂因其复杂独特的生境，蕴藏着具有特殊功能的微生物，具有巨大的应用开发潜力。

　　目前，我国科研人员已从太平洋、印度洋和大西洋三大洋中获得了大量深海微生物资源，建立了第一个深海菌种库，菌种功能多样，包括嗜盐菌、嗜冷菌、活性物质产生菌、重金属抗性菌、污染物降解菌、模式弧菌、光合细菌、海洋放线菌、海洋酵母以及海洋丝状真菌等深海极端微生物，在药物筛选、环境保护、工业、农业和食品保健等领域具有广阔的应用前景。海洋微生物菌种库中细菌、真菌等海洋微生物库藏2.2万株，涵盖3800多个种，已成为全球最大的深海菌种库，其中细菌3358种、酵母139种、丝状真菌275种（表4-11）。目前，已初步建立了中国大洋样品馆，实现了样品的规范管理与共享（图4-8）。

表4-11　中国海洋微生物菌种保藏管理中心库藏资源统计

分类地位	细菌	酵母	丝状真菌	古菌	噬菌体	合计
属	853	42	131	27	—	1 053
种	3 358	139	275	55	—	3 827
株	19 949	1 192	1 197	56	3	22 397

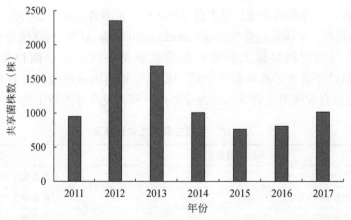

图4-8　中国海洋微生物菌种保藏管理中心共享菌株数量

　　然而，对于沿海滩涂而言，仅仅有少量研究开展了局部区域的微生物多样性调查，根据调查研究结果，我国沿海滩涂微生物以变形菌门、厚壁菌门、拟杆菌门、浮霉菌门、放线菌门、蓝藻门和酸杆菌门为优势菌群。但现有数据和资料较为欠缺，不能全面反映我国沿海滩涂的特色微生物资源状况，在一定程度上限制了其特色微生物资源的开发利用。2019 年，科学技术部、财政部按照需求导向和分类整合的原则，整合设立"科技基础资源调查专项"，其中一个重要支持方向是"我国主要沿海滩涂特色微生物资源调查"。该项目计划在我国 11 个沿海省（自治区、直辖市）设置 105 个采样点，进行全面系统的环境样品采集，开展滩涂特色微生物资源及多样性调查，对获得的微生物进行分类鉴定保藏，获取 DNA 条形码信息，建立我国主要沿海滩涂特色微生物资源库和数据库，对我国主要沿海滩涂微生物资源组成、分布、利用与保护现状进行评估，这是我国滩涂区域首次进行的大规模、系统化的微生物资源调查，对于我国滩涂保护策略、微生物资源库的构建及其开发利用都具有历史性的意义。

4.3 小　　结

黄河口湿地生物资源丰富，其中植物资源以芦苇和碱蓬为主，并有天然柽柳、天然柳和人工刺槐等，较高的植物生物量为其开发利用提供了基础条件，如以芦苇秸秆为原料制备生物质炭和植物肥料等。生物资源开发潜力评价结果也显示，黄河口湿地植物资源属于 1 级潜力资源，基本无开发限制因素，最适合开发利用。黄河口湿地贝类资源以四角蛤蜊、文蛤、彩虹明樱蛤、泥螺、光滑河蓝蛤、托氏蜎螺为主，是典型的黄河口特色贝类资源，属于 2 级潜力资源，具有较大的开发潜力，如用作饲料添加剂、贝壳工艺品和贝壳渔礁的原材料等，但是存在一定的开发限制因素。微生物资源属于 3 级潜力资源，具有一般开发潜力，如开发为微生物菌肥和饲料添加剂等，开发限制因素较多。研究团队尝试开展了耐盐微生物的筛选和培育以及耐盐微生物肥料的研发工作，但受限于人力、物力和科研人员的技术水平，研究团队仅开展了耐盐微生物群落的筛选及其对植物的促生效应研究，尚未能对特色微生物资源的开发利用进行深入研究。

在黄河口湿地特色生物资源开发利用过程中，人们更多地关注某一类资源的开发利用，鲜见把植物、贝类和微生物资源作为一个整体探索其综合开发利用模式。黄河口湿地生境复杂，兼具特色植物、贝类和微生物资源，三者并非独立存在，而是通过相互作用影响生态系统的结构和功能。鉴于不同生物资源的开发利用潜力和限制因素，三类生物资源的开发利用强度不一，极易造成黄河口湿地生态系统的不平衡。同时，黄河口湿地存在生物入侵、土壤盐碱化、土壤贫瘠化和重金属污染等环境问题，亟待修复。综合开发利用黄河口湿地特色生物资源，并应用于其自身的环境修复，对于实现黄河口湿地特色生物资源的可持续开发利用具有重要意义。

第5章 黄河河口湿地植物资源炭化利用

5.1 互花米草制备生物质炭

5.1.1 互花米草脱盐工艺

(1) 互花米草脱盐工艺流程

一般而言，从内陆地区到海滨草本植物的含盐量（以氯离子计）逐渐增加，变化范围为0.32%~1.84%。通过测定黄河口不同植物样品的含盐量，互花米草鲜样（当年生植株）的含盐量明显高于干样（去年生植株），互花米草鲜样的含盐量高达6.26%，干样的含盐量高达2.89%。植物体内的含盐量影响生物质炭性能，因此需对互花米草秸秆进行脱盐处理，明确脱盐和不脱盐的原料制成的生物质炭的性能差异。

互花米草脱盐工艺流程如图5-1所示。

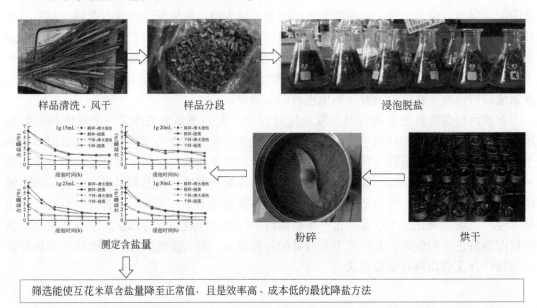

图5-1 互花米草脱盐工艺流程

第一步，确定互花米草脱盐方法。通过查阅文献，对比分析不同脱盐方法的可操作性和成本投入，确定了适合互花米草脱盐的方法，即清水浸泡和振荡脱盐两种方法。

第二步，互花米草样品的预处理。从黄河口采集的互花米草样品（干样和鲜样分开处理）用清水和去离子水清洗后，置于通风阴凉处自然风干。风干的植物样品用枝剪剪成小段备用。

第三步，互花米草脱盐实验。分别以料液比（1g∶15mL、1g∶20mL、1g∶25mL 和 1g∶30mL）、脱盐方法（清水浸泡和振荡脱盐）和脱盐时间（1h、2h、3h、4h、5h 和 6h）为变量进行互花米草脱盐实验。将经过不同脱盐方法和脱盐条件处理的植物样品烘干，粉碎，测定其含盐量。

第四步，筛选互花米草脱盐最优技术。根据第三步的实验结果，筛选能使互花米草含盐量降至正常值范围内，且效率高、成本低的脱盐方法，最终确定互花米草鲜样和干样的最优脱盐方法。

（2）最优脱盐工艺

根据清水浸泡和振荡脱盐两种方法不同料液比的脱盐效果，清水浸泡脱盐和振荡脱盐的效果无明显差异，随着脱盐时间延长，植物含盐量均逐渐降低，直至平稳（图5-2）。

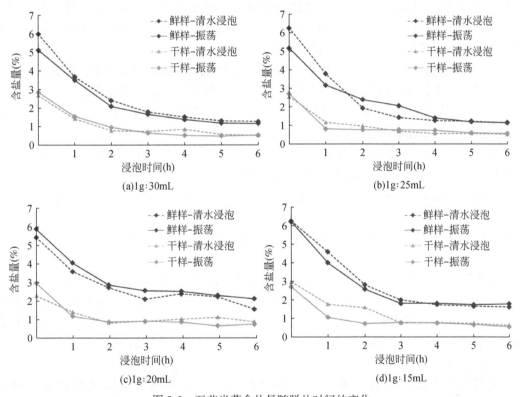

图 5-2　互花米草含盐量随脱盐时间的变化

互花米草干样的最佳脱盐工艺参数筛选：

1）根据含盐量的测定结果，不同料液比和不同脱盐方法在脱盐 1h 后均可使互花米草干样的含盐量降低至正常值范围。因此，首先确定互花米草干样的脱盐时间为 1h。

2）对于清水浸泡脱盐方法，料液比为 1g∶15mL 时，互花米草干样在脱盐 1h 后的含盐量接近正常值范围的上限，存在不能达到脱盐目标的风险；其他 3 个料液比水平下互花米草干样在脱盐 1h 后的含盐量均低于正常值上限；为降低成本，选用 1g：20mL 作为清水浸泡脱盐方法的最优料液比。

对于振荡脱盐，4 个料液比水平下，互花米草干样在脱盐 1h 后的含盐量均低于正常值上限，因此 1g：15mL 被筛选为振荡脱盐方法的最优料液比。

3）根据市场价格，去离子水的单价为 1.5 元/L，电费为 0.4883 元/（kW·h），料液比 1g：20mL、清水浸泡脱盐 1h（约 0.45 元）和 1g：15mL、振荡脱盐 1h（约 0.78 元）两种方案的成本差异在于，前者比后者多消耗（20-15）×10×6＝300mL 去离子水，价格为 0.45 元；后者比前者多用电 1h，数显恒温振荡器功率为 1600W，消耗电费约为 0.78 元。可见，第一种方案成本更低，因此料液比 1g：20mL、清水浸泡脱盐 1h 是互花米草干样的最佳脱盐工艺。

互花米草鲜样的最佳脱盐工艺参数筛选：

1）根据含盐量的测定结果，料液比为 1g：15mL 和 1g：20mL 时，互花米草鲜样的含盐量不能降至正常值范围或接近正常值范围上限，因此不适用于互花米草鲜样脱盐。料液比为 1g：25mL 和 1g：30mL 时，脱盐 3h 之后，互花米草鲜样的含盐量可降至正常值范围，是互花米草鲜样脱盐的备选料液比参数。

2）对比料液比为 1g：25mL 和 1g：30mL 时不同脱盐方法的脱盐效率，发现清水浸泡的脱盐效率高于振荡脱盐的效率，因此清水浸泡脱盐被筛选为最优脱盐方法。

3）对比清水浸泡脱盐时不同料液比的脱盐效率，发现料液比 1g：25mL 的脱盐效率最高，因此 1g：25mL 被筛选为最优料液比参数。

4）料液比为 1g：25mL、清水浸泡脱盐 3h 之后，互花米草鲜样的含盐量均降至正常值范围，为降低时间成本，3h 被筛选为最优脱盐时间。

综上，互花米草鲜样的最佳脱盐工艺是料液比 1g：25mL、清水浸泡脱盐 3h。

5.1.2 原料脱盐、热解时间和温度对生物质炭性质的影响

在不同热解时间（0.5h、1h、2h 和 3h）和热解温度（350℃、400℃、450℃、500℃、550℃、600℃ 和 650℃）条件下，分别以脱盐和未脱盐的互花米草秸秆为原料制备生物质炭，并测定生物质炭的产率、pH、元素组成（C、H、O、N）、表面形貌、比表面积和孔隙度、表面官能团，分析原料脱盐处理和热解条件对生物质炭性质的影响。

（1）产率

互花米草生物质炭的产率为 23.82%～42.39%，随着热解温度的增加逐渐降低（图 5-3）。随着温度从 350℃ 升高至 650℃，未脱盐互花米草和脱盐互花米草的生物质炭产率分别降低了 30% 和 40%。

随着热解时间的延长，生物质炭产率有微弱的降低趋势（图 5-3）。随着热解时间从 0.5h 升高至 3h，未脱盐互花米草和脱盐互花米草的生物质炭产率仅分别降低了 3.64% 和 3.45%。

由于植物原料内的盐分被去除，脱盐互花米草比未脱盐互花米草具有更低的生物质炭产率（图 5-3），说明脱盐会降低互花米草的生物质炭产率。

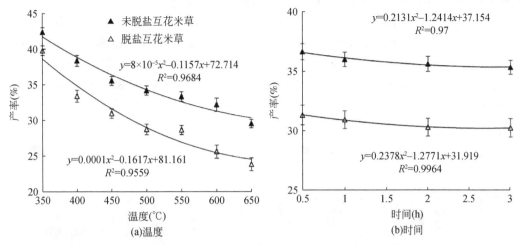

图 5-3 互花米草生物质炭产率随热解温度和时间的变化

（2）pH

互花米草生物质炭呈强碱性，pH 为 10.04～11.46（图 5-4）。在 350～500℃范围内，随着热解温度的升高，pH 呈增加趋势，热解温度升高至 500℃后，pH 趋于稳定。脱盐互花米草和未脱盐互花米草生物质炭的最大 pH 分别是 11.46 和 11.04，均出现在热解温度为 500℃时（图 5-4）。

随着热解时间的延长，pH 呈微弱增加趋势，脱盐互花米草和未脱盐互花米草生物质炭的 pH 仅分别增加 0.21 和 0.24（图 5-4）。

在相同的热解温度和热解时间下，脱盐互花米草生物质炭的 pH 高于未脱盐互花米草（图 5-4），说明脱盐导致生物质炭的碱性更强。

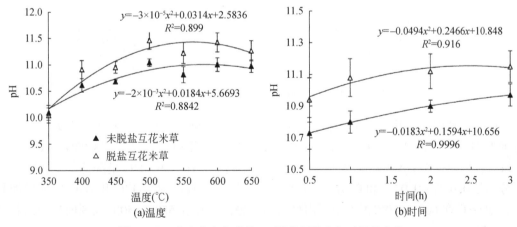

图 5-4 互花米草生物质炭 pH 随热解温度和时间的变化

（3）元素组成

未脱盐互花米草原料的 C、H、O、N 元素含量分别是 41.76%、5.75%、39.29% 和

0.96%；脱盐互花米草原料的 C、H、O、N 元素含量分别是 45.77%、6.28%、42.70% 和 0.88%（图 5-5）。与植物原料相比，生物质炭的 O 和 H 元素含量降低，而 C 和 N 含量增加。其中未脱盐互花米草生物质炭的 C、H、O、N 元素含量分别是 54.63%～59.64%、0.98%～3.83%、5.91%～12.24% 和 1.16%～1.55%；脱盐互花米草生物质炭的 C、H、O、N 元素含量分别是 68.8%～78.74%、1.23%～4.71%、5.27%～13.82% 和 1.1%～1.71%（图 5-5）。

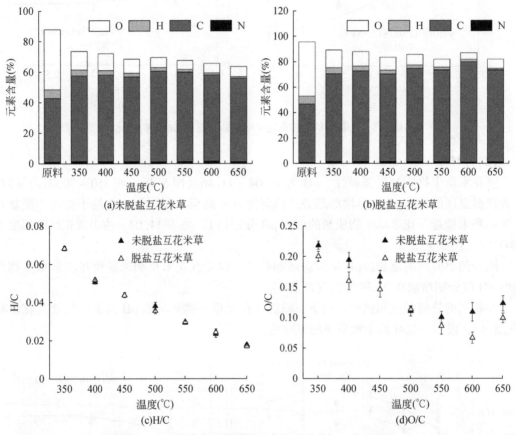

图 5-5 互花米草生物质炭元素含量随热解温度的变化

随着热解温度的升高，互花米草的炭化程度逐渐增强，生物质炭的 C 含量增加，变化范围为 54.63%～78.74%；O 和 H 含量降低，变化范围分别是 5.91%～13.82% 和 0.98%～4.71%；N 含量为 1.16%～1.71%，无明显变化趋势；H/C 和 O/C 呈降低趋势，变化范围分别是 0.02%～0.07% 和 0.07%～0.22%。热解温度较高时，H/C 和 O/C 出现增加趋势，如 O/C 在 600～650℃ 温度范围内呈增加趋势，H/C 在 550～650℃ 范围内呈增加趋势（图 5-5）。

随着热解时间的延长，互花米草生物质炭的 C、H、O 和 N 元素含量无明显变化趋势，H/C 和 O/C 呈微弱的降低趋势（图 5-6）。

在相同的热解温度和时间下，脱盐互花米草生物质炭的 C、H、O 和 N 元素含量高于

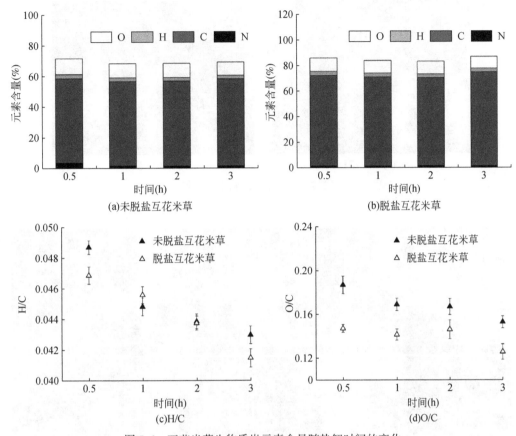

图 5-6 互花米草生物质炭元素含量随热解时间的变化

未脱盐互花米草，而 O/C 低于未脱盐互花米草（图 5-5 和图 5-6），说明脱盐互花米草生物质炭具有较弱的极性和较高的稳定性。脱盐互花米草和未脱盐互花米草生物质炭的 H/C 无显著差异，说明脱盐对生物质炭的芳香性无影响。

（4）表面形貌

热解温度对生物质炭表面形貌具有显著的影响，而热解时间的影响作用较小。扫描电镜结果显示，互花米草原料几乎没有孔结构（图 5-7）。高温热解过程中，孔结构逐渐出现。在 350℃ 时，互花米草生物质炭出现了管状孔结构。随着热解温度的升高，管壁逐渐变薄，甚至崩塌，导致生物质炭的孔结构更加明显，孔隙度增强（图 5-8）。然而，热解温度较高时，微孔结构开始出现，随着温度升高，微孔数量增加，导致生物质炭的平均孔径降低和比表面积增加（图 5-8）。

在相同热解温度和热解时间下，脱盐互花米草生物质炭的孔结构形状比未脱盐互花米草的更加规则，脱盐互花米草生物质炭的微孔和介孔数量高于未脱盐互花米草（图 5-8）。该结果和比表面积与孔隙度分析数据一致（图 5-9）。

（5）比表面积和孔隙度

根据吸脱附曲线计算互花米草生物质炭的比表面积和孔隙度。未脱盐互花米草生物质炭的比表面积、总孔容、介孔容和平均孔径分别是 0.75～130.14m²/g、0.0034～0.08mL/g、

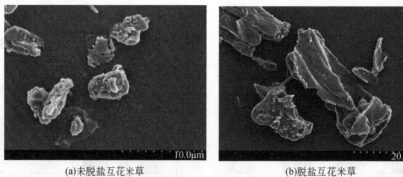

(a)未脱盐互花米草　　　　　　　　(b)脱盐互花米草

图 5-7　互花米草原料表面形貌

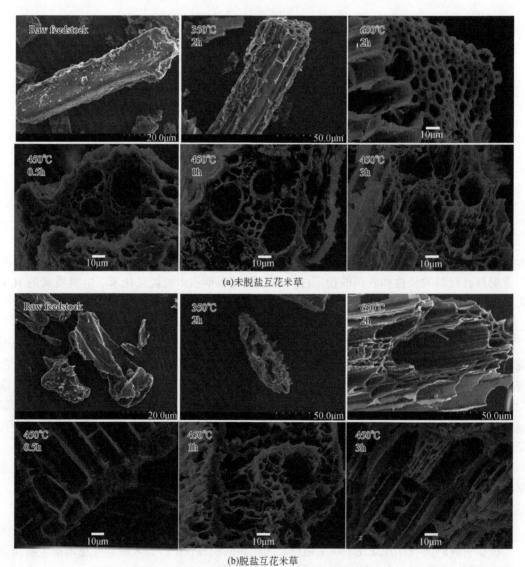

(a)未脱盐互花米草

(b)脱盐互花米草

图 5-8　互花米草生物质炭的表面形貌和孔结构

0. 003 ~ 0. 027mL/g 和 2. 47 ~ 18. 16nm（图 5-9）。脱盐互花米草生物质炭的比表面积、总孔容、介孔容和平均孔径分别是 0. 57 ~ 273. 46m²/g、0. 0036 ~ 0. 15mL/g、0. 004 ~ 0. 041mL/g 和 2. 18 ~ 21. 95nm（图 5-9）。热解温度对生物质炭比表面积和孔隙度具有显著的影响，热解时间的影响作用较小。

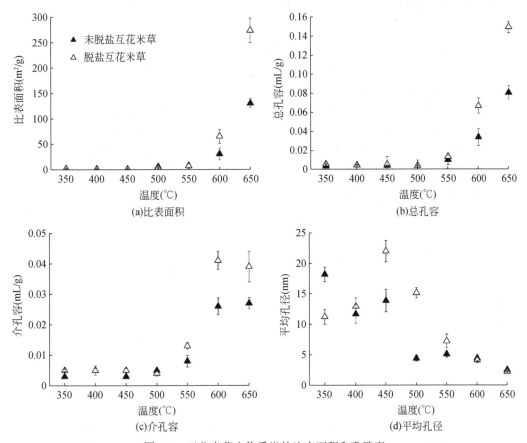

图 5-9　互花米草生物质炭的比表面积和孔隙度

在热解温度低于 500℃时，生物质炭的比表面积、总孔容和介孔容较小，且随着温度的升高无明显变化趋势。在 550 ~ 650℃温度范围内，随着温度的升高，比表面积、总孔容和介孔容显著增加。随着热解温度的升高，未脱盐互花米草生物质炭的平均孔径逐渐降低，在 450℃急剧减小（图 5-9）；脱盐互花米草生物质炭呈单峰变化趋势，最高值（21. 95nm）出现在 450℃。

基于生物质炭比表面积和孔隙度随热解温度的变化，500℃是制备生物质炭的温度节点，这与纤维素和半纤维素的热解特性有关，植物秸秆原料以纤维素和半纤维素成分为主，两者的热解温度范围主要集中在 300 ~ 500℃；而木质素含有丰富的官能团，热稳定性较好，热解温度区间相对较宽，集中在 300 ~ 600℃（杨选民等，2017）。生物质中的纤维素经热解形成了明显的碳网平面结构，温度升高至 500℃时，碳网平面进一步生长，堆叠为多层结构，有序性增强，但尚未形成碳骨架结构；木质素含有大量苯丙烷基结构，热解过程中发生熔融团聚变形，分子交联成热塑性的无定形碳，作为碳骨架结构，崎岖不平且具有多孔结构的表面形貌造成较大的比表面积和孔隙度（吴迪超等，2021）。当温度升高至500℃以后，生物质的热解过程以木质素为主，生物质炭的比表面积和孔隙度随着碳骨架结构的不断形成而增加；当温度升高至600℃时，由于大量气体产物的释放和过高的热解温度，已生成的碳骨架被破坏，生物质炭表面开始出现坍塌和断层现象（陈应泉等，2012）。

盐分的去除降低了残存在生物质炭孔结构内的灰分，从而导致脱盐互花米草生物质炭具有较高的孔隙度和比表面积，表明脱盐会增加生物质炭的吸附性能。

（6）表面官能团

利用傅里叶变换红外光谱仪（Fourier transform infrared spectrometer，FTIR）定性分析了生物质炭的表面官能团组成。结果显示，互花米草生物质炭共包含5种官能团，分别是—OH、—CH$_x$、C＝C、C—O—C和C—H官能团（图5-10）。随着热解温度的升高，官能团种类和数量均减小，650℃制备的生物质炭仅含有1~2种官能团。C＝C和C—O—C是主要官能团，说明生物质炭表面富含苯环和含氧官能团。

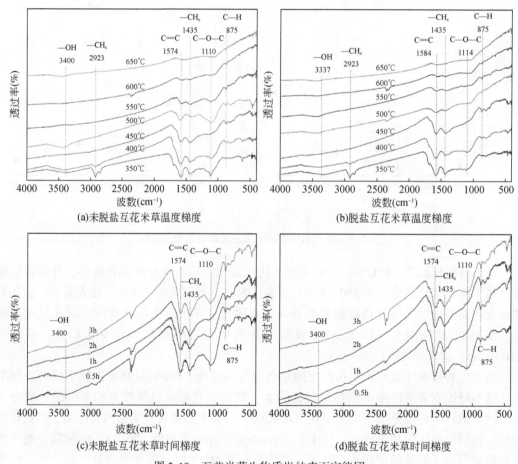

图5-10　互花米草生物质炭的表面官能团

波数 3400cm^{-1} 左右的吸收峰是由—OH 伸缩振动产生的，吸收峰较弱，说明生物质炭含有少量的羟基官能团。当热解温度高于 500℃后，该官能团消失。

波数 2920cm^{-1} 和 1435cm^{-1} 左右的吸收峰是由—CH$_x$ 面内弯曲振动产生的。2920cm^{-1} 处的—CH$_x$ 官能团仅出现在 350℃和 400℃；随着温度的升高，1435cm^{-1} 处的—CH$_x$ 官能团强度逐渐降低直至消失。

波数 1574cm^{-1} 左右的吸收峰是由苯环上的 C＝C 伸缩振动产生的，说明生物质炭表面含有较多的苯环，该官能团在温度低于 450℃时具有较强的吸收峰，温度高于 450℃后，强度逐渐减小。

波数 1100cm^{-1} 左右的吸收峰是由醚基 C—O—C 伸缩振动产生的，未脱盐互花米草生物质炭的 C—O—C 最大吸收峰出现在 500℃，而脱盐互花米草生物质炭仅在 350℃时就出现了 C—O—C 官能团。

波数 875cm^{-1} 的吸收峰是由芳香族不饱和 C—H 面外弯曲振动产生的，是判断苯环取代位置的主要依据，650℃时，互花米草生物质炭表面无 C—H 官能团存在。

热解时间对 C＝C、—CH$_x$ 和 C—H 官能团的强度无显著影响；—OH 官能团的强度随着热解时间的延长而降低；热解时间为 0.5～2h 时，C—O—C 官能团强度随着热解时间的延长而降低，但当时间延长至 3h，其强度呈现增加趋势。

脱盐互花米草和未脱盐互花米草生物质炭的官能团（C—O—C 除外）多样性和强度无显著差异。未脱盐互花米草生物质炭的 C—O—C 官能团强度高于脱盐互花米草。

5.1.3 原料收割时间对生物质炭性质的影响

有研究表明，不同生长阶段的互花米草的理化特性存在差异，这在一定程度上影响生物质炭的性质。因此，本研究以不同生长阶段的（7 月、9 月和 12 月）互花米草为原料制备生物质炭，测定生物质炭性质及其重金属吸附能力，以确定最适宜的秸秆收割时间。

以不同收割时间获取的互花米草样品为原料，在 450℃温度下热解 2h 制备不同类型的生物质炭。制备的互花米草生物质炭 pH 为 9.85～10.95，随着植物原料采集时间的推迟，其生物质炭 pH 逐渐降低（表 5-1）。

表 5-1　互花米草生物质炭 pH 和元素组成（平均值±标准误）

原料	pH	C（%）	O（%）	H（%）	N（%）	H/C	O/C
HX	10.68±0.07b	55.38±0.87d	9.25±1.42a	2.43±0.61a	1.46±0.07a	0.04±0.011a	0.17±0.03a
HXT	10.95±0.06a	68.80±1.25b	10.06±1.15a	3.01±0.44a	1.59±0.08a	0.04±0.007a	0.15±0.02a
HMT	10.43±0.08c	73.25±1.96a	11.08±1.61a	3.21±0.42a	0.91±0.03b	0.04±0.006a	0.15±0.02a
HG	9.85±0.06e	64.44±1.66c	10.44±1.38a	2.83±0.35a	0.71±0.04c	0.04±0.006a	0.16±0.02a
HGT	10.11±0.08d	69.80±1.50b	10.47±1.49a	3.07±0.37a	0.88±0.04c	0.04±0.006a	0.15±0.02a

注：HX、HM 和 HG 分别表示 7 月、9 月和 12 月采集的互花米草秸秆，后缀 T 表示秸秆经过脱盐处理，下同；每列不同的小写字母表示两者之间具有显著差异（$P<0.05$）。

互花米草生物质炭 C 含量为 55.38%～73.25%，以 9 月互花米草样品为原料制备的生物质炭 C 含量高于 7 月和 12 月（表 5-1），说明 9 月互花米草原料的炭化程度更强。互花米草生物质炭 O 和 H 含量分别是 9.25%~11.08% 和 2.43%~3.21%，与采样时间无显著相关性。互花米草生物质炭 N 含量低于 1.6%，且随着采样时间的推迟而降低。H/C 和 O/C 与采样时间无显著相关性，说明植物原料的采样时间对生物质炭的芳香性和稳定性无显著影响。

互花米草生物质炭的比表面积、平均孔径、总孔容和介孔容分别是 0.83~1.27m²/g、11.10~15.03nm、0.0028~0.0044mL/g 和 0.0027~0.0045mL/g（图 5-11）。7 月互花米草原料制备的生物质炭的比表面积和孔隙度显著高于 9 月和 12 月。脱盐处理增加了生物质炭的平均孔径。7 月互花米草原料经过脱盐处理后制备的生物质炭比表面积、总孔容和介孔容增大，但 12 月互花米草原料经过脱盐处理后制备的生物质炭比表面积、总孔容和介孔容减小。这可能与植物原料的含盐量相关。7 月的互花米草具有较高的含盐量（>5%），脱盐后，其含盐量降低至 1.5% 左右；而 12 月的互花米草含盐量为 2.5%~3.0%，脱盐后，其含盐量仅为 0.7% 左右。较高的含盐量会造成过多的灰分堆积在生物质炭孔结构中，降低生物质炭的比表面积和孔隙度；而较低的含盐量会因缺少金属盐的催化作用，减少生物质炭孔结构的产生。因此，中等含量的盐分可能更适于产生较大比表面积和孔隙度的生物质炭。

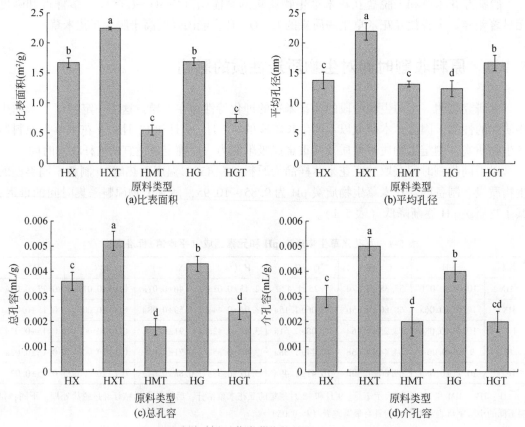

图 5-11　不同采样时间互花米草生物质炭的比表面积和孔隙度

以不同采样时间获取的互花米草为原料制备的生物质炭，表面官能团种类和强度存在差异。12 月互花米草原料制备的生物质炭表面具有 4 种官能团，分别是—CH_x、$C \equiv C$、C—O—C 和 C—H；7 月互花米草原料制备的生物质炭表面具有—CH_x、$C \equiv C$ 和 C—H 官能团；9 月互花米草原料制备的生物质炭表面官能团较少，且强度最低，仅包括—CH_x 和 $C \equiv C$（图 5-12）。

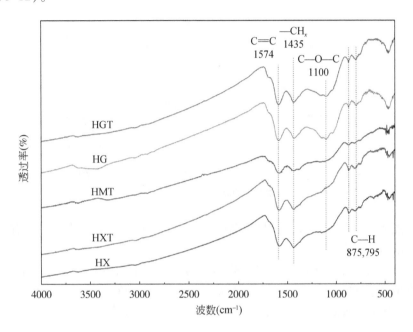

图 5-12　不同采样时间互花米草生物质炭的表面官能团

5.1.4　互花米草生物质炭化工艺优化

配制不同浓度的镉溶液，添加生物质炭于溶液中，振荡 24h 后测定溶液中镉含量，并计算生物质炭的镉吸附能力。以高吸附性能为筛选指标，优化生物质炭化原料的预处理方式、热解温度和热解时间。

（1）原料收割时间和预处理方式

就未脱盐的互花米草原料而言，12 月互花米草原料制备的生物质炭比 7 月的重金属吸附能力更强（图 5-13）。而对于脱盐的互花米草原料，7 月互花米草原料制备的生物质炭的重金属吸附能力高于 9 月和 12 月，且 9 月和 12 月无明显差异（图 5-13）。可见，12 月是收割互花米草用于制备生物质炭的最佳时间，原因在于原料不需要进行脱盐处理即可达到较高的重金属去除效果。

（2）热解温度

热解温度对生物质炭的理化性质具有显著的影响，随着热解温度的增加，生物质炭 pH、比表面积和孔容增加，而产率、O 和 H 含量、H/C 和 O/C 比例、孔径、官能团数量减小。热解温度高于 550℃时制备的生物质炭具有更高的碱性、稳定性、比表面积和孔隙

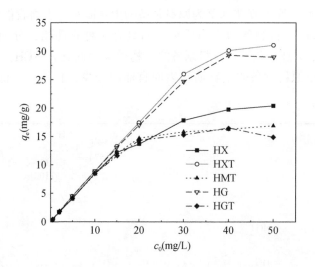

图 5-13　互花米草生物质炭的重金属镉吸附量随镉溶液浓度的变化

q_e 是生物质炭的镉吸附量，c_0 是镉溶液浓度

度，然而官能团种类和强度较低；热解温度低于 500℃ 时制备的生物质炭具有多样的和强度较大的官能团。

重金属吸附实验结果表明，随着热解温度的升高，生物质炭的镉吸附量呈增加趋势，但热解温度增加至 550℃ 后，生物质炭的镉吸附量随着温度升高无显著变化（图 5-14）。可见 550℃ 是制备具有高吸附能力的互花米草生物质炭的最佳热解温度。

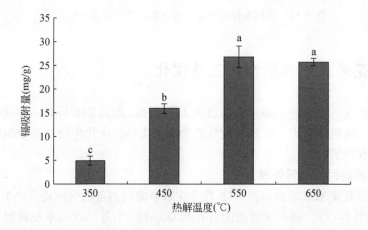

图 5-14　不同热解温度制备的互花米草生物质炭的镉吸附量

（3）热解时间

热解时间对生物质炭性质的影响较小，说明植物原料较短的热解时间内（0.5h）即可完成大部分炭化，延长热解时间至 1h 可使植物原料充分炭化。

5.2 芦苇制备生物质炭

在不同热解时间（0.5h、1h、2h 和 3h）和热解温度（350℃、450℃、550℃ 和 650℃）条件下，分别以芦苇秸秆为原料制备生物质炭，并测定生物质炭的产率、pH、元素组成（C、H、O、N）、表面形貌和比表面积、孔隙度、表面官能团，分析热解温度和热解时间对生物质炭性质的影响。

5.2.1 芦苇生物质炭产率和 pH

（1）产率

芦苇鲜样和干样的生物质炭产率分别是 28.98%～43.32% 和 26.37%～31.74%，且芦苇鲜样的生物质炭产率高于干样（图 5-15），说明随着收割时间的推迟，生物质炭的产率降低。

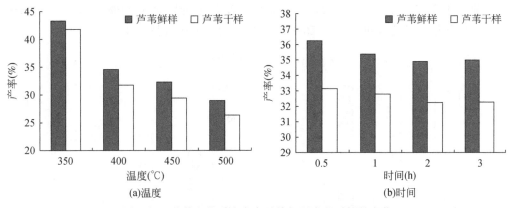

图 5-15 芦苇生物质炭产率随热解温度和时间的变化

随着热解温度的升高和热解时间的延长，生物质炭产率降低（图 5-15）；热解温度由 350℃升高至 500℃时，纤维素和半纤维素中大量的挥发分和低沸点物质不断析出，生物质炭产率快速降低；热解温度由 500℃升高至 650℃时，木质素中大量热稳定性较强的苯环结构和难挥发性物质缓慢分解，生物质炭产率下降趋于缓和（吴迪超等，2021）。

（2）pH

芦苇鲜样和干样的生物质炭 pH 分别是 9.25～11.01 和 8.63～10.97，且芦苇鲜样的生物质炭 pH 高于干样（图 5-16），说明随着收割时间的推迟，生物质炭的 pH 降低。随着热解温度的升高和热解时间的延长，生物质炭灰分含量不断增加，pH 随之增加，但随热解时间的增加趋势微弱（图 5-16）。

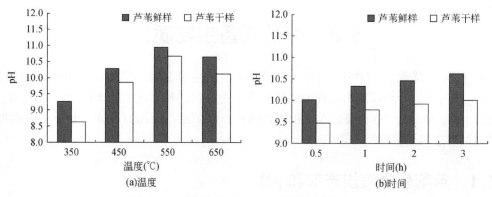

图 5-16 芦苇生物质炭 pH 随热解温度的变化

5.2.2 芦苇生物质炭元素组成

芦苇鲜样和干样的生物质 C 含量分别是 60.55%~66.42% 和 69.19%~73.09%，H 含量分别是 1.20%~3.87% 和 1.24%~4.20%，N 含量分别是 1.48%~2.02% 和0.65%~0.86%，O 含量分别是 6.40%~12.26% 和 4.20%~15.97%（图 5-17）。

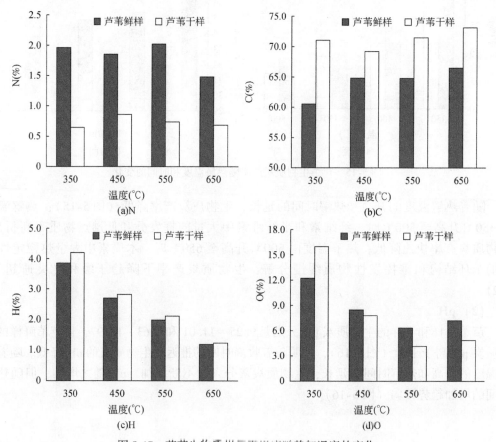

图 5-17 芦苇生物质炭元素组成随热解温度的变化

随着收割时间的推迟，芦苇生物质炭的 N 含量降低，这和植物原料中 N 含量的变化趋势一致，随着生长期的延长，植株体内的部分氮素通过植物自身的新陈代谢作用转移到果实中，部分被自然界中的微生物分解为氨气进入大气，导致 N 含量降低（陈广银等，2011）。随着收割时间的推迟，芦苇生物质炭 C 含量增加，H 和 O 含量的变化因热解温度及热解时间的不同而存在差异（图 5-18）。

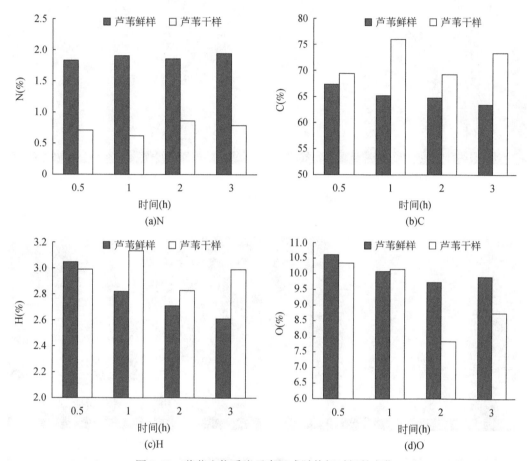

图 5-18　芦苇生物质炭元素组成随热解时间的变化

随着热解温度的升高，生物质炭 C 和 N 含量无明显变化趋势，H 和 O 含量显著降低（图 5-17），这是由于高温热解反应过程中，C—H 和 C—O 键发生断裂，H 原子和 O 原子转化为挥发性气体，脱离了碳结构体系（李水清等，2000）。随着热解时间的延长，生物质炭的元素组成无明显变化趋势（图 5-18）。

5.2.3　芦苇生物质炭物理结构

（1）表面形貌
芦苇生物质炭的表面形貌变化特征与互花米草生物质炭一致。热解温度对其表面形貌具有显著的影响，而热解时间的影响作用较小。扫描电镜结果显示，芦苇原料几乎没有孔结构（图5-19），随着热解过程的进行，孔结构逐渐出现，且随着热解温度的升高，管壁逐渐变薄，甚至崩塌，导致生物质炭的孔结构更加明显（图5-20和图5-21）。

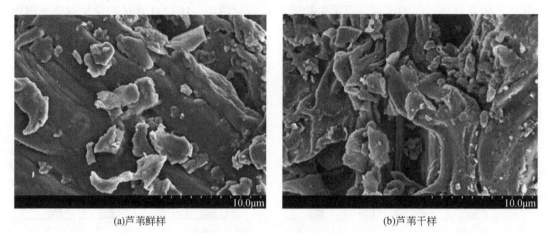

(a)芦苇鲜样　　　　　　　　　　　　　　　(b)芦苇干样

图 5-19　芦苇原料表面形貌

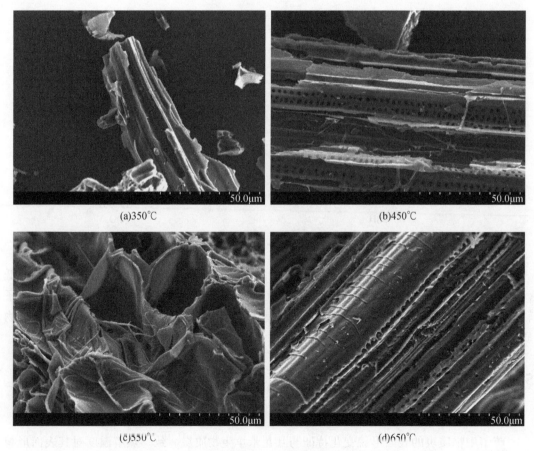

(a)350℃　　　　　　　　　　　　　　　(b)450℃

(c)550℃　　　　　　　　　　　　　　　(d)650℃

图 5-20　芦苇干样生物质炭孔结构

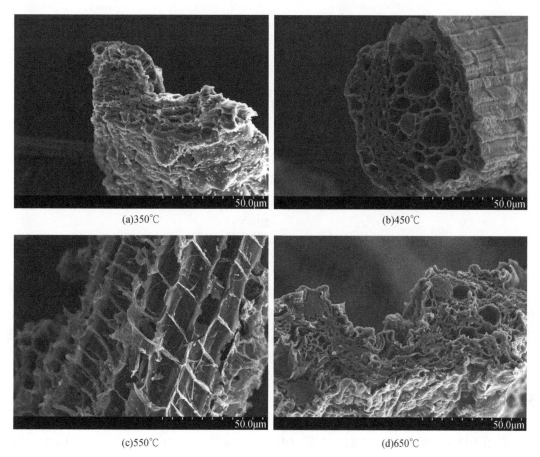

(a)350℃   (b)450℃

(c)550℃   (d)650℃

图 5-21　芦苇鲜样生物质炭孔结构

（2）比表面积和孔隙度

芦苇鲜样和干样的生物质炭比表面积含量分别是 0.56 ~ 141.35m²/g 和 0.15 ~ 310.13m²/g，总孔容分别是 0.0041 ~ 0.0911mL/g 和 0.0027 ~ 0.1737mL/g，平均孔径分别是 2.58 ~ 21.18nm 和 2.23 ~ 14.83nm（图 5-22）。

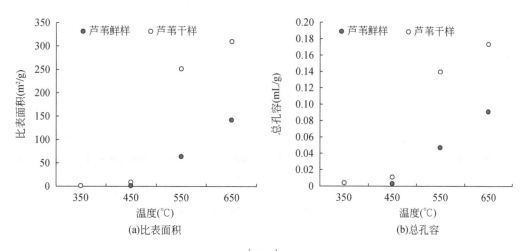

(a)比表面积   (b)总孔容

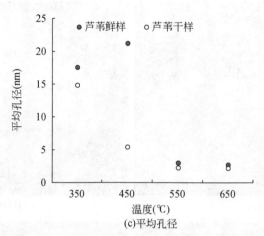

(c)平均孔径

图 5-22　芦苇生物质炭比表面积、总孔容和平均孔径随热解温度的变化

随着收割时间的推迟，芦苇生物质炭的比表面积和总孔容增加，平均孔径降低。随着热解温度的升高，挥发分迅速聚集析出和气体产物不断增多，生物质炭的孔结构趋于复杂化和均匀化，简单的孔结构变得致密多样，在较大孔隙的周围及内部形成大量的小孔（杨选民等，2017），造成生物质炭的比表面积和总孔容呈增加趋势，平均孔径呈降低趋势。

5.2.4　芦苇生物质炭表面官能团

芦苇干样生物质炭表面官能团包括—OH（3400cm^{-1}）、—CH$_2$（2924cm^{-1}和1440cm^{-1}）、C＝O（1697cm^{-1}）、C＝C（1601cm^{-1}）、C—O—C（1100cm^{-1}）和C—H（877cm^{-1}和808cm^{-1}）；芦苇鲜样生物质炭表面官能团包括—OH（3368cm^{-1}）、—CH$_2$（2922cm^{-1}和1440cm^{-1}）、C＝C（1593cm^{-1}）、C—O—C（1100cm^{-1}）和C—H（875cm^{-1}）。

随着收割时间的推迟，生物质炭表面官能团无明显变化（图5-23）。随着热解温度的

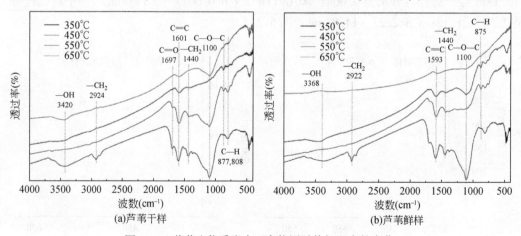

图 5-23　芦苇生物质炭表面官能团随热解温度的变化

升高，生物质炭表面官能团不断发生断裂或重组，芦苇生物质炭的表面官能团多样性和强度均降低，当热解温度升至650℃时，生物质结构中的羧基、羰基、苯环等大部分化学键已断裂，生物质炭的表面官能团较为单一（图5-23）。随热解时间的延长，生物质炭的表面官能团无明显变化趋势。

5.3 植物生物质炭应用于盐碱化土壤改良

5.3.1 材料与方法

（1）土壤样品采集与预处理

供试土壤（表层0~30cm）采自山东黄河三角洲国家级自然保护区的盐碱地。土壤样品带回实验室经自然风干，除去石块、残根等明显杂物，用植物粉碎机进行磨碎，充分混合均匀后过2mm筛备用。在培养实验正式开始前，将供试土壤调节到约40%的田间持水量，并在30℃恒温下预培养一周，以激活土壤微生物。

（2）温室培养实验

将不同制备条件下的生物质炭，分别按照0.5%、1%、2.5%的质量比加入到500g土壤样品中，搅拌均匀后放入培养箱内培养，每组实验设置3个平行处理；以不加生物质炭的土壤作为对照，设置3个空白实验对照组，在同样条件下培养。土壤培养装置为聚丙烯杯（上口径×下口径×高，74mm×57mm×47mm），在杯盖上穿透几个小孔，以保证空气交换且尽量减少水分散失。培养温度30℃，每日光照时间为9:00~19:00，每3日定期称重补充去离子水保持一定湿度，培养30天。

培养结束后，取部分鲜样于10mL离心管中，保存在-80℃超低温冰箱供微生物测定；另取一定量的鲜样保存于4℃冰箱，用于土壤硝态氮、铵态氮含量的测定；剩余土壤样品风干待用。

（3）土壤物理、化学和生物指标测定

物理指标包括土壤含水量和粒径，化学指标包括pH、电导率（EC）、阳离子交换量（CEC）、交换性钠离子（ES）、全碳（TC）、全氮（TN）、全磷（TP）、有机质（OM）、铵态氮（NH_4^+-N）、硝态氮（NO_3^--N）和有效磷（AP）等，生物指标包括微生物组成、蔗糖酶、脲酶和碱性磷酸酶活性。

土壤含水量采用烘干法测定，粒径采用激光粒度仪分析。pH采用Horiba便携式水质分析仪测定，EC采用电导率仪测定，CEC参照《土壤 阳离子交换量的测定 三氯化六氨合钴浸提–分光光度法》（HJ 889—2017）测定，ES参照《森林土壤交换性钾和钠的测定》（LY/T 1246—1999）测定，NO_3^--N参照《土壤硝态氮的测定 紫外分光光度法》（GB/T 32737—2016）测定，NH_4^+-N参照《土壤 氨氮、亚硝酸盐氮、硝酸盐氮的测定 氯化钾溶液提取–分光光度法》（HJ 634—2012）测定，TC和TN采用元素分析仪测定，OM参照《土壤有机质测定法》（NY/T 85—1988）测定，TP和AP采用电感耦合等离子体发射光谱仪（ICP-OES）测定。蔗糖酶活性采用3,5-二硝基水杨酸（3,5-dinitrosalicylic acid colorimetric，DNS）比色法测定，脲酶活性采用苯酚钠-次氯酸钠比色法测定，碱性磷酸酶活性采用磷酸苯二钠比色法测定，微生物组成由上海中科新生命生物科技有限公司采用 Illumina MiSeq 测序平台采用 16S rRNA 测序进行测定。

5.3.2　生物质炭对盐碱土理化性质的影响

5.3.2.1　土壤本底性质

实验所用的土壤采集自山东黄河三角洲国家级湿地自然保护区内潮间带的光滩地。通过测定土壤的基本理化性质（表 5-2），根据美国农业部关于盐碱土研究室的分类标准以及我国滨海盐土的分级标准，供试土壤属于中度盐化的盐碱土。

表 5-2　供试土壤基本理化性质（平均值±标准误差，$n=3$）

pH	电导率（ms/cm）	盐度（%）	阳离子交换量（mmol/kg）	碱化度（%）	全碳（%）
8.32±0.08	5.31±0.22	0.3±0.03	46.3±3.3	52.93±0.11	1.19±0.01

全氮（%）	全磷（mg/g）	有机质（g/kg）	硝态氮（mg/kg）	铵态氮（mg/kg）	有效磷（mg/kg）
0.057±0.007	0.39±0.01	6.60±1.19	18.93±0.7	2.06±0.14	21.21±0.86

5.3.2.2　土壤 pH、盐度、阳离子交换量、碱化度

不同生物质炭的添加对实验的盐碱土 pH 存在显著差异（$P<0.05$）。低添加量（0.5%）的生物质炭降低土壤 pH，降低幅度可达 0.14 个单位；高添加量（2.5%）的生物质炭对土壤 pH 有一定的提高作用，最大增加了 0.21 个单位，且互花米草生物质炭比芦苇生物质炭的效果更明显（图 5-24）。pH 降低的原因在于低温制备的生物质炭中含有—COOH 等酸性含氧官能团，释放出 H^+，和土壤中的 Ca^{2+}、Mg^{2+} 等离子发生置换，引起 pH 降低（Chen et al.，2015；夏阳，2015）；而高温制备的生物质炭中酸性官能团含量减少，灰分中的碱性成分增加，pH 增加。

添加生物质炭后，土壤盐度增加（图 5-25），这是由生物质炭灰分中含有的钾、钙、钠、镁等盐基离子的输入引起的，同时增加程度随施炭量的增加而增加；高温制备的生物质炭对土壤盐度的增加效果略高，盐度最高可达 0.15%。虽然生物质炭的施加有利于土壤中团聚胶体的形成，对于可溶性盐分具有一定程度的吸附作用（刘泽霞，2019），但由于两种盐生植物内尤其是互花米草内含有较多的可溶性盐，在高温热解的过程中以碳酸盐的形式积累于灰分中，因此随着施炭量的增加，土壤盐度也随之升高。但灰分中所含的钾、钙、钠、镁、硅等成分也能作为土壤养分的一部分为植物的生长提供养分。因此，如何适度降低生物质炭中可溶性盐分的含量或是降低土壤盐度，缓解高盐含量对微生物以及植物根系的危害作用，是生物质炭应用于盐碱土壤改良的一个需要解决的关键性问题。

生物质炭的添加使土壤阳离子交换量增加，且随着施炭量的增加而增加，增幅范围为

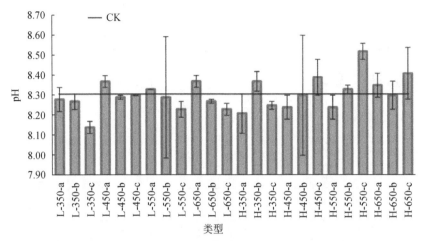

图 5-24　生物质炭添加后土壤 pH 的变化

图中 L 和 H 分别代表施加以芦苇和互花米草为原料制备的生物质炭；350、450、550、650 代表四个
不同的制备温度；a、b、c 代表 5g/kg、10g/kg、25g/kg 三种施炭量，CK 代表对照组，下同

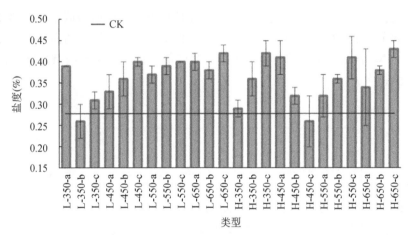

图 5-25　生物质炭添加后土壤盐度的变化

1.9~37.2mmol/kg（图 5-26），这是因为生物质炭具有丰富的孔结构、巨大的比表面积和丰富的含氧官能团，为阳离子提供了更多的吸附位点（张千丰和王光华，2012）。随着制备温度的升高，两种生物质炭对土壤阳离子交换量的增加效果有所降低，原因在于制备温度升高导致生物质炭所含的—OH、—COOH 等含氧官能团数量下降。此外，芦苇生物质炭对阳离子交换量的增加效果略高于互花米草生物质炭，原因之一是芦苇生物质炭比互花米草生物质炭含有更丰富的含氧官能团，可以吸附更多的阳离子。

添加生物质炭后土壤碱化度显著降低，降低幅度范围为 1.68%~22.70%（图 5-27）。生物质炭添加对于土壤胶体形成具有促进作用，使得土壤所能吸附的交换性 Na^+、Ca^{2+}、Mg^{2+}、NH_4^+、H^+、Al^{3+} 等阳离子总量增加，交换性 Na^+ 含量占比降低，即土壤碱化度降低（Sun et al.，2016）。同时随着具备高阳离子交换量的生物质炭添加，Ca^{2+}、Mg^{2+} 等离子也

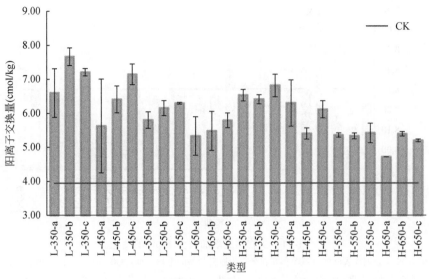

图 5-26 生物质炭添加后土壤阳离子交换量的变化

随之进入土壤，提高了土壤的阳离子交换量，并且与土壤胶体所吸附的交换性 Na^+ 发生置换反应，降低了土壤碱化度，且这种效果随着生物质炭施炭量的增加而增强。互花米草生物质炭所含的 Na^+ 含量高于芦苇生物质炭，因此芦苇生物质炭对土壤碱化度降低的效果优于互花米草生物质炭。

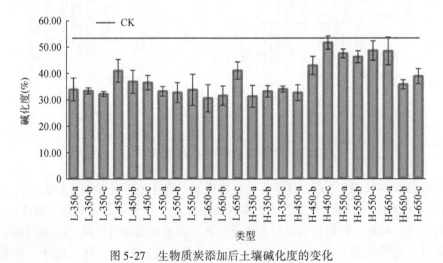

图 5-27 生物质炭添加后土壤碱化度的变化

5.3.2.3 土壤基础养分

（1）土壤全碳和有机质

生物质炭的输入增加了土壤中的碳含量和有机质含量，全碳的增幅范围为 0.09%~1.47%，有机质含量的增幅范围为 3.93~28.07mg/g（图 5-28 和图 5-29）。芦苇生物质炭对土壤全碳和有机质含量的增加效果高于互花米草生物质炭，且土壤全碳含量随着施炭量的增加而增加，有机质含量也有一定的增加趋势。总体而言，50℃下制备的芦苇生物质炭对有机质含量的增加效果最明显，而350℃和650℃下制备的互花米草生物质炭的效果略优于450℃和550℃。

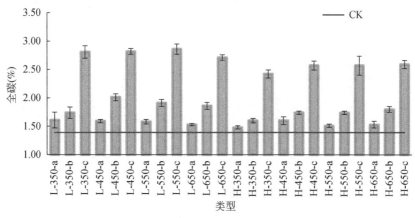

图5-28　生物质炭添加后土壤全碳含量的变化

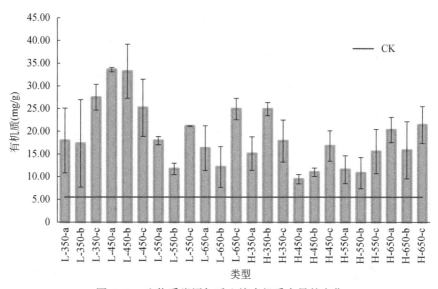

图5-29　生物质炭添加后土壤有机质含量的变化

（2）土壤全氮、硝态氮和铵态氮

生物质炭添加对土壤全氮含量具有增加效果（图5-30），而对硝态氮和铵态氮含量具有降低作用（图5-31和图5-32）。土壤全氮含量随生物质炭的施炭量的增加而增加，变化范围为−1.3%~2.0%，350℃和450℃温度下制备的生物质炭对于土壤全氮含量的增加效果优于550℃和650℃。高温（650℃）生物质炭的添加对于土壤铵态氮含量有一定的增加效果，最高可达0.47mg/kg；而低温（<650℃）制备的生物质炭引起铵态氮含量的降低，最低下降0.95mg/kg，但随着施炭量的增加，铵态氮含量都呈现下降趋势（图5-32）。

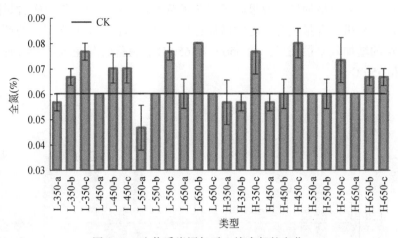

图 5-30　生物质炭添加后土壤全氮的变化

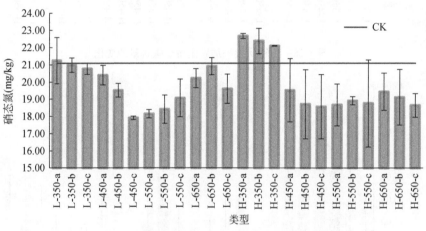

图 5-31　生物质炭添加后土壤硝态氮含量的变化

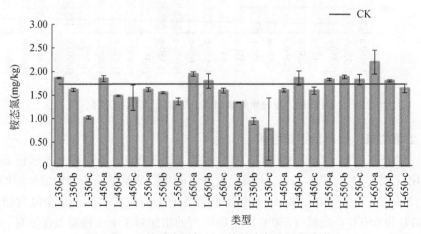

图 5-32　生物质炭添加后土壤铵态氮含量的变化

由于热解过程中养分的富集效应，生物质炭含有一定量的氮，生物质炭的添加能够提高土壤中全氮的含量，且与施炭量呈正相关（张婷等，2016；林婉嫔等，2019）。同时，生物质炭具有改善土壤通气状况的特点，当反硝化作用受到抑制时，N_2O 排放减少，增加了土壤中留存的氮素。当制备温度升高时，生物质炭的芳香结构更加稳定，生物质炭氮含量减少，对于土壤全氮含量的增加效果也随之减弱。生物质炭添加后，由于其本身还有一定量的硝态氮，且生物质炭较高的阳离子交换量对于铵态氮具有较好的吸附作用，在添加初期硝态氮和铵态氮会有一定的增加；随着微生物硝化反应的进行，铵态氮不断被转换成硝态氮，导致铵态氮含量降低。生物质炭，尤其是高温条件下制备的炭，具有较高的碳氮比，能显著提高土壤的碳氮比，土壤中氮矿化作用会受到抑制，硝态氮含量降低（梁思婕，2018；林婉嫔，2019）。而就氮吸附而言，生物质炭最主要的作用是吸附和保持，生物质炭添加可以显著增加土壤对于有效态氮素的留存，减少氮素的淋失（潘逸凡等，2013；沈晨等，2018）。

（3）土壤全磷和有效磷

芦苇生物质炭的添加使土壤中全磷含量有所下降，但随着施炭量的增加，全磷含量呈现上升趋势，而互花米草生物质炭的添加使土壤全磷含量增加（图 5-33）。而对于有效磷而言，生物质炭的添加使土壤有效磷含量增加，随着生物质炭添加量的增加而增加（王冬冬等，2013；卢洪秀，2019），变化范围为 $-2.73 \sim 16.03\,\text{mg/kg}$，且互花米草生物质炭的增加效果略高于芦苇生物质炭，从增加效果来看，芦苇生物质炭表现为 450℃ > 650℃ > 550℃ > 350℃，互花米草生物质炭表现为 350℃ > 650℃ > 550℃ > 450℃（图 5-34）。

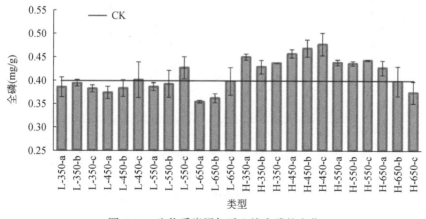

图 5-33　生物质炭添加后土壤全磷的变化

5.3.3　生物质炭对盐碱土微生物性质的影响

5.3.3.1　生物质炭添加对土壤酶活性的影响

对于蔗糖酶活性，除 25g/kg 添加量下的 350℃ 和 550℃ 制备的芦苇生物质炭以及 10g/kg 添加量下的 650℃ 制备的芦苇生物质炭具有 $0.21 \sim 0.39\,\text{mg/（g·d）}$ 的增加效果外，芦苇生

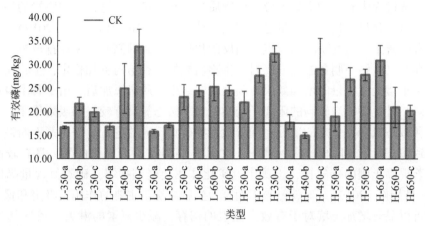

图 5-34 生物质炭添加后土壤有效磷的变化

物质炭的添加使蔗糖酶活性存在一定的降低趋势，降低幅度达到 0.41mg/（g·d）；而互花米草生物质炭表现出明显的促进效果，增加幅度达到 2.9mg/（g·d），且促进效果随着 350℃ 和 450℃ 制备的炭施加量的增加而增强，随着 550℃ 和 650℃ 制备的炭施加量增加而减弱（图 5-35）。

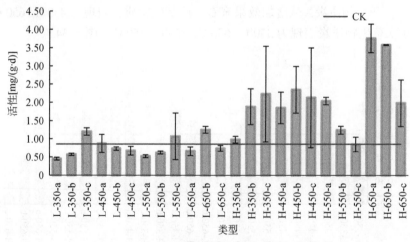

图 5-35 生物质炭添加后土壤蔗糖酶活性的变化

蔗糖酶广泛参与土壤中碳水化合物的转化，其活性往往与有机质等肥力指标成正比（莫雪等，2020）。本研究中，生物质炭添加后，土壤有机质含量增加，且芦苇生物质炭的增加效果更强，但蔗糖酶活性变化与之相反。可见，有机质含量不是影响蔗糖酶活性的关键因素。

对于脲酶活性，高添加量的生物质炭对于土壤脲酶活性呈现抑制的效果，低添加量有一定的促进效果，但各组之间差异并不明显（图 5-36）。可见，生物质炭添加对土壤中氮素具有一定的吸附作用，可利用氮素减少，从而使脲酶活性降低（周际海等，2018）。

对于碱性磷酸酶活性，芦苇生物质炭的添加降低了土壤碱性磷酸酶活性，25g/kg 施加

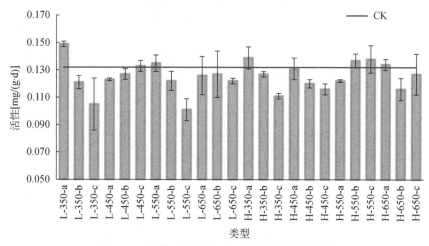

图 5-36　生物质炭添加后土壤脲酶活性的变化

量的 450℃制备的芦苇生物质炭效果最明显，降低幅度达到 0.02mg/(g·d)，而互花米草生物质炭对碱性磷酸酶呈现促进效果，变化幅度为-0.005 ~ 0.0055mg/(g·d)（图5-37）。生物质炭添加降低了土壤 pH，使土壤酸性增强，从而抑制碱性磷酸酶活性，进而抑制了土壤中有机磷的分解转化及其生物有效性（沈菊培等，2005）。

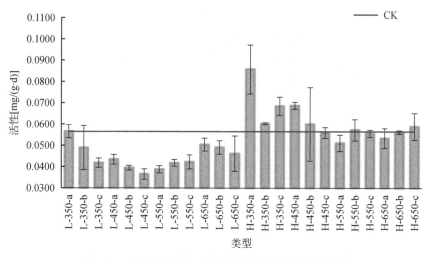

图 5-37　生物质炭添加后土壤碱性磷酸酶活性的变化

5.3.3.2　土壤理化性质与酶活性相关性分析

Pearson 相关性分析结果显示，土壤蔗糖酶活性的变化与铵态氮（NH_4^+-N）显著正相关，与 pH 极显著正相关，与全氮显著负相关，与全碳极显著负相关；脲酶活性仅与全磷极显著正相关；碱性磷酸酶活性与硝态氮和全磷极显著正相关，与有机质和全碳显著负相关（表5-3）。

表 5-3　不同施炭量方案下土壤理化性质与酶活性相关性

土壤理化性质	蔗糖酶	脲酶	碱性磷酸酶
硝态氮	−0.02	0.026	0.340**
铵态氮	0.259*	−0.029	−0.024
pH	0.308**	0.005	−0.025
有机质	−0.103	−0.191	−0.299**
盐度	−0.057	−0.032	−0.177
全氮	−0.246*	0.05	−0.217
全磷	0.037	0.311**	0.383**
全碳	−0.316**	−0.06	−0.275*
有效磷	0.008	0.032	−0.03
阳离子交换量	−0.104	−0.185	−0.078
碱化度	0.212	0.064	0.042

*表示显著相关（$P<0.05$）；**表示极显著相关（$P<0.01$）。

冗余分析（redundancy analysis，RDA）结果显示，三种土壤酶的活性变化在第Ⅰ、第Ⅱ轴上的解释率分别为 62.8% 和 25.0%，即前两个排序轴能够累积解释 87.8% 的土壤酶活性的变化（图 5-38）。对 11 个表征理化性质的环境因子进行蒙特卡罗检验排序，结果显示 AP、TC、TN 和 pH 对土壤酶活性具有极显著影响（$P<0.01$），NO_3^--N、OM、NH_4^+-N 和 TP 达到显著水平（$P<0.05$；表 5-4）。表明生物质炭的添加对土壤酶活性的影响是以 AP、TC、TN、pH、NO_3^--N、OM、NH_4^+-N 和 TP 作为主要的驱动因子，它们对土壤酶活性变化的解释率分别为 32.9%、9.8%、8.5%、5%、4%、3.6%、3.5% 和 3.5%。

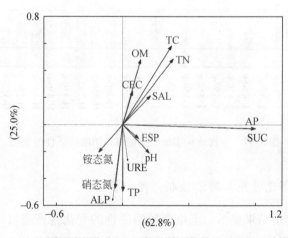

图 5-38　不同施炭量方案下土壤理化性质与酶活性的冗余分析

SUC 指蔗糖酶活性，URE 指脲酶活性，ALP 指碱性磷酸酶活性，ESP 指碱化度，SAL 指盐度

表 5-4 不同施炭量方案下土壤理化性质对土壤酶活性变化的解释量

土壤理化性质	重要性排序	解释量/%	P	F
AP	1	32.9	0.002	35.828
TC	2	9.8	0.002	7.907
TN	3	8.5	0.002	6.756
pH	4	5	0.006	3.853
NO_3^--N	5	4	0.02	3.056
OM	6	3.6	0.03	2.754
NH_4^+-N	7	3.5	0.04	2.66
TP	8	3.5	0.036	2.677
SAL	9	2.1	0.184	1.592
CEC	10	1.1	0.442	0.821
ESP	11	0.7	0.654	0.485

5.3.3.3 生物质炭添加对土壤微生物的影响

（1）对微生物群落多样性的影响

添加生物质炭后，土壤微生物的 Shannon 多样性指数为 9.00~9.73（图 5-39）。整体而言，芦苇和互花米草生物质炭对土壤微生物 Shannon 多样性具有降低作用，添加互花米草生物质炭的土壤微生物 Shannon 多样性高于添加芦苇生物质炭。添加量为 5g/kg 时，350~550℃制备的互花米草生物质炭增加了土壤微生物 Shannon 多样性；添加量为 10g/kg 时，芦苇生物质炭增加了土壤微生物 Shannon 多样性；650℃制备的互花米草生物质炭导致土壤微生物 Shannon 多样性降低；其他实验条件下的土壤微生物 Shannon 多样性均低于对照组。

添加生物质炭后，土壤微生物的 Simpson 多样性指数在 0.9826~0.9919（图 5-40）。整体而言，互花米草生物质炭添加增加了土壤微生物 Simpson 多样性，芦苇生物质炭添加降低了其 Simpson 多样性，添加互花米草生物质炭的土壤微生物 Simpson 多样性高于添加芦苇生物质炭。添加量为 5g/kg 时，650℃制备的互花米草生物质炭降低了土壤微生物 Simpson 多样性；添加量为 25g/kg 时，350℃制备的互花米草生物质炭降低了土壤微生物 Simpson 多样性；添加量为 5g/kg 时，芦苇生物质炭增加了土壤微生物 Simpson 多样性。

（2）对微生物群落结构的影响

通过 97% 相似度标准聚类，将土壤细菌群落分为门、纲、目、科、属等级分类分析。按照相对丰度的多少，把前十种土壤细菌门（Phylum）分为三大类：优势类群（>10%）、亚优势类群（1%~10%）、常见类群（0.1%~1%）（表 5-5）。

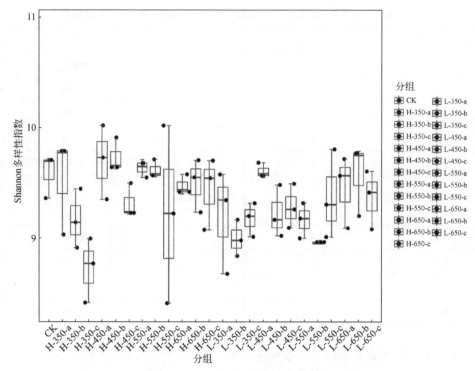

图 5-39　生物质炭添加后土壤微生物 Shannon 多样性指数的变化

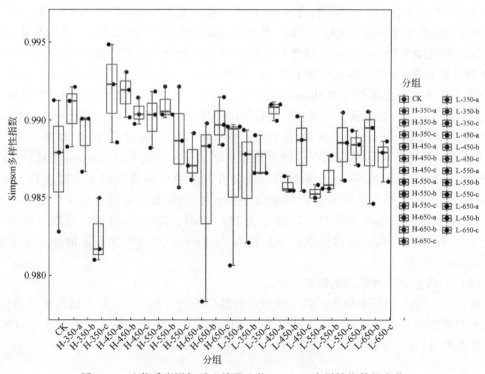

图 5-40　生物质炭添加后土壤微生物 Simpson 多样性指数的变化

表5-5 前十种土壤细菌门相对丰度分类

优势类群（>10%）	亚优势类群（1%~10%）	常见类群（0.1%~1%）
变形菌门	芽单胞菌门	异常球菌–栖热菌门
拟杆菌门	放线菌门	浮霉菌门
	厚壁菌门	
	绿弯菌门	
	广古菌门	
	酸杆菌门	

不同的生物质炭添加后，土壤中细菌门水平前十的细菌优势类群变形菌门、拟杆菌门分别占35.93%~67.70%和16.84%~39.47%，共计约占所有细菌群落的77%。属于亚优势类群的有芽单胞菌门、放线菌门、厚壁菌门、绿弯菌门、广古菌门（Euryarchaeota）、酸杆菌门，共计约占所有细菌群落的17%，常见类群还有异常球菌–栖热菌门和浮霉菌门，共计约占所有细菌群落的1%。除这十门外的其余细菌约占5%。

生物质炭的添加对土壤中细菌群落中的变形菌门和拟杆菌门的影响最为明显。变形菌门是细菌中最大的一个菌门，具有较强的适应性，包括很多固氮菌，同时作为一种嗜营养菌，能分解土壤中所含的复杂有机碳或者动植物残体等，对于土壤环境中的物质循环具有重要的作用。拟杆菌门、放线菌门、厚壁菌门、酸杆菌门等属于常见土壤微生物，与土壤中的碳氮循环等密切相关，如放线菌门含有很多能将亚硝酸盐氧化成盐酸盐的细菌。

此外，从微生物群落门类的相对丰度上来看，随着施炭量的增加，变形菌门相对丰度占比增大，拟杆菌门相对丰度占比减小。而随着所添加的生物质炭制备温度的增加，变形菌门的相对丰度降低，拟杆菌门的相对丰度增加（图5-41）。

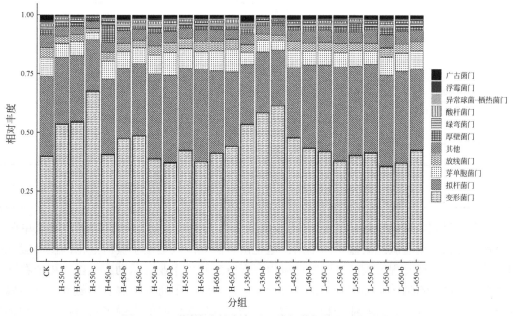

图5-41 不同施炭量方案下土壤细菌门类组成的变化

不同的生物质炭添加后，土壤中细菌门水平前十的细菌优势属群为KSA1，约占整个细菌微生物群落的26.62%（图5-42），但目前对于KSA1属的作用依旧未知。属于亚优势类群的有海杆菌属（*Marinobacter*）（占比3.11%~36.56%）、深海海源菌属（*Idiomarina*）（占比0.66%~8.45%）、嗜盐单胞菌属（*Halomonas*）（占比0.70%~3.05%）、食碱菌属（*Alcanivorax*）（占比0.28%~3.40%），这些属共计约占整个细菌微生物群落的14.28%，常见的类群*Marinimicrobium*占比0.07%~2.31%、鞘氨醇单胞菌属（*Sphingomonas*）占比0.08%~1.52%、*Salinibacter*占比0.13%~0.80%、B-42占比0.27%~0.68%、德沃斯菌属（*Devosia*）占比0.08%~1.44%，共计约占整个细菌微生物群落的2.77%（表5-6）。其余的细菌属（Genus）约占整个细菌微生物群落的56.32%。

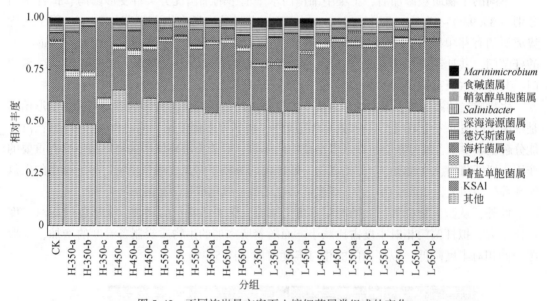

图5-42　不同施炭量方案下土壤细菌属类组成的变化

表5-6　前十种土壤细菌属相对丰度分类

优势类群（>10%）	亚优势类群（1%~10%）	常见类群（0.1%~1%）
KSA1′	海杆菌属	*Marinimicrobium*
	深海海源菌属	鞘氨醇单胞菌属
	嗜盐单胞菌属	*Salinibacter*
	食碱菌属	B-42
		德沃斯菌属

综上，研究区域的土壤中主要的优势菌群为海杆菌属、深海海源菌属、嗜盐单胞菌属、食碱菌属等嗜盐碱或耐盐碱的细菌，这是由于研究区域是位于黄河三角洲滨海湿地的潮间带，土壤盐碱化程度较高。同时区域内存在石油开采作业等活动，土壤中可能存在一定的多环芳烃、石油污染和重金属富集等现象，这就解释了海杆菌属、鞘氨醇单胞菌属等重金属抗逆能力强，并对石油烃和芳香类化合物具有降解代谢能力的来自海洋微生物种群

优势度较高的原因。

5.3.3.4 细菌微生物属与土壤理化性质的相关性

对 11 个表征理化性质的环境因子进行蒙特卡罗检验排序，结果显示 NH_4^+-N、CEC、AP 和 TP 对细菌属相对丰度具有极显著影响（$P<0.01$），NO_3^--N 具有显著影响（$P<0.05$；表 5-7）。NH_4^+-N、CEC、AP、TP 和 NO_3^--N 对细菌属相对丰度变化的解释率分别为 7.3%、5.5%、4.7%、4.6% 和 3.3%。

表 5-7 不同施炭量方案下土壤性质对细菌属相对丰度变化的解释率

土壤理化性质	重要性排序	解释量（%）	P	F
NH_4^+-N	1	7.3	0.002	5.731
CEC	2	5.5	0.002	4.234
AP	3	4.7	0.002	3.589
TP	4	4.6	0.002	3.549
NO_3^--N	5	3.3	0.012	2.486
ESP	7	2.5	0.056	1.885
SAL	6	2.5	0.064	1.884
pH	8	2.3	0.102	1.702
TC	9	2.1	0.110	1.556
TN	10	1.8	0.220	1.319
OM	11	1.4	0.352	1.032

以前十的优势属作为生物因子、理化性质作为环境因子进行冗余分析，结果显示，实验各组土壤中细菌微生物属相对丰度的变化在第 I、第 II 轴上的解释率分别为 43.8% 和 32.1%，即前两个排序轴能够累积解释 75.9% 的土壤酶活性的变化（图 5-43）。

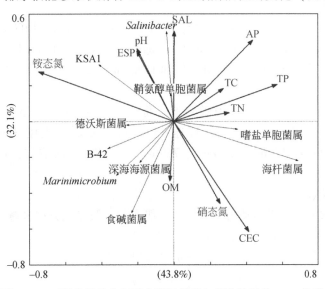

图 5-43 不同施炭量方案下土壤细菌属与理化性质的 RDA 分析

TP、AP、CEC、NO_3^--N 和 NH_4^+-N 对细菌属的影响较大（图 5-43），其中 *Devosia*、B-42、*Marinimicrobium*、*Idiomarina*、*Alcanivorax* 主要受到 TP、AP、TC、TN 的影响；*Marinimicrobium*、B-42 和 *Idiomarina* 三个属与 pH、ESP、阳离子交换量和铵态氮夹角接近 90°，几乎不相关，说明它们受土壤盐碱化影响较低。

5.4 植物生物质炭应用于重金属吸附

5.4.1 材料与方法

5.4.1.1 水溶液中镉的吸附实验

每个处理设置 3 个重复，并进行空白实验。根据《水质 铜、锌、铅、镉的测定 原子吸收分光光度法》（GB 7475—1987）中的规定测定镉含量。

（1）溶液配制

稀硝酸（0.01mol/L）：0.63gHNO_3 溶于 1L 去离子水（硝酸加入水中）。

NaOH 溶液（0.01mol/L）：称 0.2gNaOH 于烧杯中，加少量水溶解，然后倒入 500mL 容量瓶里，分 3 次洗涤烧杯，将溶液全部倒入容量瓶里，最后用水稀释至刻度线。摇匀，即得到 0.01mol/L 的 NaOH 溶液 500mL。

硝酸镉溶液（20mg/L）：137.5mg 四水硝酸镉溶于 1L 水中，去离子水提前加入稀硝酸溶液，调节 pH 为 7.0。配制完成后，用 0.01mol/L 的 NaOH 和 HNO_3 溶液调节 pH 为 7.0。依此方法，称量相应重量的四水硝酸镉溶于纯水中，配制 0.5mg/L、2mg/L、5mg/L、10mg/L、15mg/L、20mg/L、30mg/L、40mg/L、50mg/L 的硝酸镉溶液。

（2）吸附试验

以芦苇和互花米草生物质炭为吸附剂，将 0.1g 生物质炭添加到 100mL 镉溶液中，镉溶液浓度（Cd^{2+}）分别为 0.5mg/L、2mg/L、5mg/L、10mg/L、15mg/L、20mg/L、30mg/L、40mg/L、50mg/L，于 25℃ 恒温振荡 24h，转速 150r/min。吸附完成后，过滤，滤液密封低温保存，待测。

以芦苇和互花米草生物质炭为吸附剂，将 0.1g 生物质炭添加到 100mL 镉溶液中（20mg/L Cd^{2+}），于 25℃ 恒温振荡，转速 150r/min，分别在吸附 3min、5min、10min、20min、60min、90min、120min、360min、720min 和 1440min 时取样，过滤，滤液密封低温保存，待测。

（3）吸附动力学

生物质炭对重金属的吸附动力学采用假一级方程、假二级方程和颗粒内扩散方程进行拟合分析。

假一级方程：
$$q_t = q_e(1 - e^{-k_1 t}) \tag{5-1}$$

假二级方程：
$$q_t = \frac{t(k_2 q_e^2)}{1 + k_2 q_e t} \tag{5-2}$$

颗粒内扩散方程：

$$q_t = k_p t^{0.5} + c \qquad (5-3)$$

式中，t 为吸附时间，min；q_t 为 t 时刻的吸附量，mg/g；q_e 为理论平衡吸附量，mg/g；k_1 为假一级动力学速率常数，min^{-1}；k_2 为假二级动力学速率常数，g/(mg·min)；k_p 为颗粒内扩散速率常数，mg/(g·min)；c 是常数，为颗粒内扩散方程的截距。

（4）吸附等温线

生物质炭对重金属的吸附等温线采用 Langmiur 方程和 Freundlich 方程进行拟合分析。

Langmiur 方程：

$$q_e = \frac{b q^0 c_e}{1 + b c_e} \qquad (5-4)$$

Freundlich 方程：

$$q_e = K_F c_e^{\frac{1}{n}} \qquad (5-5)$$

式中，q_e 为理论平衡吸附量，mg/g；q^0 为最大平衡吸附量，mg/g；c_e 为吸附平衡时重金属浓度，mg/L；b 为 Langmiur 常数，L/mg；K_F 为 Freundlich 常数；$1/n$ 为经验常数。

（5）解吸附实验

称取一定量生物质炭添加到镉溶液中，吸附 48h 后，过滤，取 100mL 溶液留存待测，载镉生物质炭烘干备用。分别称取 0.1g 载镉生物质炭添加到 100mL 水溶液中，水溶液事先用 NaOH 和 HNO$_3$ 溶液调节 pH 为 3、5、7、9、11，在 25℃ 恒温振荡 48h，转速 150r/min。解吸附 48h 后，过滤或抽滤，滤液密封低温保存，待测。

5.4.1.2　土壤基质中镉的吸附实验

每个处理设置 3 个重复，并进行空白实验。土壤中有效态镉含量依据《土壤质量 有效态铅和镉的测定 原子吸收法》（GB/T 23739—2009）中的二乙三胺五乙酸（DTPA）浸提法测定。

（1）土壤样品采集与预处理

土壤样品采自山东东营孤东油田，在采油机附近 20～30m 范围内随机选 5 个采样点，分别采集 0～30cm 的表层土壤，最终将 5 个样品去除石子和植物残屑后均匀混合，作为样地土壤，将其放置于阴暗通风处风干，过 18 目筛收集备用。经测定，土壤样品中的镉含量为 2.73mg/kg，超过国家《土壤环境质量农用地土壤污染风险管控标准（试行）》（GB 15618—2018）三级标准值（1.00mg/kg），其中有效态镉含量为 0.06mg/kg。

（2）温室培养实验

静态恒温培养实验于 2018 年 12 月～2019 年 2 月进行，称取过 18 目筛的镉污染土壤 180g，将 4 种不同热解温度（350℃、450℃、550℃、650℃）下制备的互花米草生物质炭（原料经过脱盐处理），以 1%、5%、10% 的质量比与土壤均匀混合，置于 200mL 烧杯中。将土壤保持 40% 的土壤体积含水量添加去离子水到烧杯中，放入人工气候箱内培养，设置培养温度为 25℃，每日光照时间为 9:00～19:00，空气湿度为 40%，每隔 3 日称重补充水量，使土壤体积含水量保持 40% 左右，培养期为 50 天。在培养 50 天后取出土壤样品，放入烘箱中，60℃烘干 18h，磨碎，过筛，待测。

5.4.2　生物质炭对水溶液中镉的吸附性能

5.4.2.1　热解条件和原料对生物质炭吸附性能的影响

与热解时间相比，热解温度对生物质炭的吸附性能具有更重要的影响。随着热解温度的升高，生物质炭的镉吸附量呈增加趋势，当热解温度达到550℃后，镉吸附量趋于稳定（图5-44）。该变化趋势与生物质炭的比表面积和孔隙度一致。随着热解时间的延长，生物质炭的镉吸附量无明显变化趋势（图5-45）。

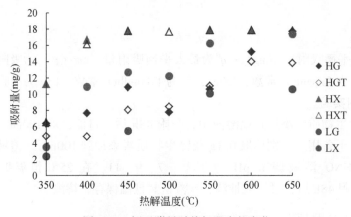

图 5-44　镉吸附量随热解温度的变化

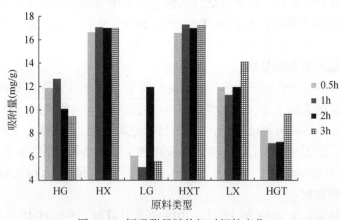

图 5-45　镉吸附量随热解时间的变化

植物原料类型、收割时间和脱盐处理均能影响生物质炭的镉吸附量，其中植株体内的含盐量发挥了重要作用。以7月收割的互花米草为原料制备的生物质炭（HX和HXT）比12月收割的互花米草（HG和HGT）以及芦苇生物质炭（LG和LX）具有更高的镉吸附量。上述差异可归因于植物原料中盐离子（K^+、Ca^{2+}、Na^+、Mg^{2+}）含量的差异，互花米草为盐生植物，植株体内的盐离子含量高于芦苇植株。互花米草的K^+、Ca^{2+}、Na^+和Mg^{2+}

分别是 4.37mg/g、2.63mg/g、14.4mg/g 和 2.16mg/g，芦苇的 K^+、Ca^{2+}、Na^+ 和 Mg^{2+} 分别是 1.13mg/g、2.18mg/g、1.00mg/g 和 0.46mg/g。

随着植物秸秆收割时间的延迟，生物质炭的镉吸附量降低，这和植株体内盐离子含量的降低有关（陈广银等，2011）。脱盐实验表明，7 月收割的互花米草经过脱盐处理后，其生物质炭的镉吸附量无显著差异；而 12 月收割的互花米草脱盐后，其生物质炭的镉吸附量降低。

5.4.2.2 吸附时间和初始浓度对生物质炭吸附性能的影响

随着重金属初始浓度的增加，生物质炭的吸附能力先增加后趋于平稳，其中在 0.5 ~ 20mg/L 范围内增加显著，随后增加缓慢，在 40mg/L 后较为平稳；而生物质炭的重金属吸附率随着初始浓度的增加呈降低趋势，其中 0.5 ~ 20mg/L 范围内较为平稳，随后显著下降。吸附时间在 120min 内时，生物质炭的重金属吸附能力和吸附率急剧增加，随后趋于稳定。说明生物质炭在吸附 120min 后即可达到饱和（图 5-46）。

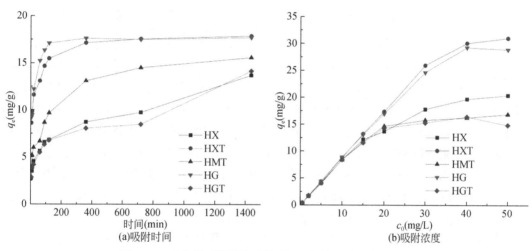

图 5-46 重金属吸附量随吸附时间和初始吸附浓度的变化

5.4.2.3 吸附动力学

根据吸附动力学拟合结果，假二级方程对互花米草生物质炭的重金属吸附动力学拟合效果更好，具有更高的 R^2（图 5-47）。12 月未脱盐互花米草原料制备的生物质炭的拟合效果最好，R^2 为 0.81；而 12 月脱盐互花米草原料制备的生物质炭的拟合效果最差，R^2 为 0.60（表 5-8）。假二级方程包含了吸附的所有过程，如外部液膜扩散、表面吸附和颗粒内扩散，更全面真实地反映了互花米草生物质炭对重金属的吸附机制。

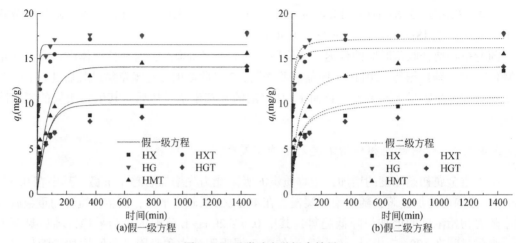

图 5-47　吸附动力学拟合结果

表 5-8　吸附动力学方程拟合效果（R^2）

方程	HX	HXT	HMT	HG	HGT
假一级方程	0.62	0.55	0.70	0.66	0.46
假二级方程	0.75	0.78	0.81	0.86	0.60

根据颗粒内扩散方程的拟合结果，互花米草生物质炭对重金属的吸附过程可分为两个阶段（图 5-48）：第一阶段斜率最大，此阶段吸附速率最快，是由于生物质炭表面和溶液中的重金属浓度存在较大差异，重金属离子通过膜扩散迅速聚集到生物质炭的外表面，被外表面上的吸附点位吸附；第二阶段斜率略小，属于颗粒内扩散阶段，重金属离子通过粒子间内扩散进入到生物质炭的内表面吸附，被内表面上的吸附位吸附，而后溶液中剩余重金属离子浓度降低、生物质炭表面吸附点位减少，粒子内扩散速率也逐渐降低，直至最后达到吸附平衡状态。不同类型生物质炭吸附重金属的颗粒内扩散方程的截距均不为零，拟合直线的反向延长线也不会通过原点，说明该吸附过程虽主要受颗粒内扩散控制，但是颗粒内扩散控制不是唯一的速率控制步骤，可能是由表面吸附和颗粒内扩散共同控制。

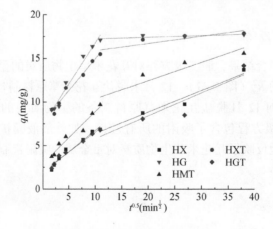

图 5-48　颗粒内扩散方程拟合结果

5.4.2.4　吸附等温线

根据吸附等温线拟合结果，Langmiur 方程对互花米草生物质炭的重金属吸附动力学过程拟合效果更好（图 5-49），说明互花米草生物质炭吸附重金属的行为属于单层吸附。9 月和 12 月脱盐互花米草原料以及 7 月未脱盐互花米草原料制备的生物质炭的拟合效果最好，R^2 为 0.96~0.99；7 月脱盐互花米草原料和 12 月未脱盐互花米草原料制备的生物质炭的拟合效果稍差，R^2 分别为 0.71 和 0.72（表 5-9）。

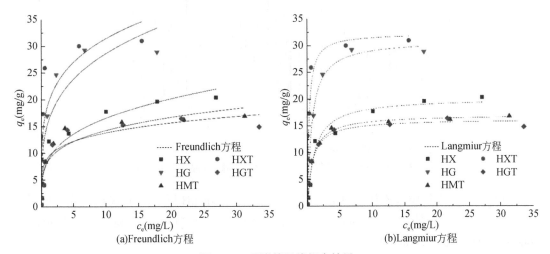

图 5-49　吸附等温线拟合结果

表 5-9　吸附等温线方程拟合效果（R^2）

方程	HX	HXT	HMT	HG	HGT
Freundlich	0.91	0.55	0.88	0.61	0.88
Langmiur	0.96	0.71	0.99	0.72	0.97

5.4.3　生物质炭对土壤中镉的吸附性能

5.4.3.1　互花米草生物质炭对土壤性质的影响

生物质炭添加增加了土壤有机质含量，且随着生物质炭添加比例的增加而增加（图 5-50）。当生物质炭添加比例为 1% 和 5% 时，低温条件下（350℃和 450℃）生物质炭对土壤有机质含量的提升效果显著高于 550℃和 650℃。主要原因在于低热解温度下制备的生物质炭具有更高的脂肪族碳，在土壤腐殖化过程中更易分解（Azargohar et al., 2014；Jamieson et al., 2014）。因此，低温条件下制备的生物质炭更有利于土壤腐殖质的形成以及溶解有机碳的增加（Zhao et al., 2018）。

生物质炭添加增加了土壤 pH，随着生物质炭添加比例的增加，土壤 pH 逐渐增加（图 5-51）。当生物质炭添加比例为 1% 时，450℃条件下制备的生物质炭对土壤 pH 的增加

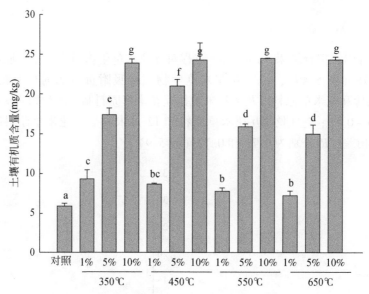

图 5-50 生物质炭添加对土壤有机质含量的影响

柱状图上不同小写字母表示各处理间具有显著差异（$P \leqslant 0.05$）

效果更明显；当生物质炭添加比例为 5% 和 10% 时，土壤 pH 随生物质炭热解温度的升高而增加。生物质炭对土壤 pH 的增加效应主要归因于生物质炭的高 pH（Clough and Condron，2010；Jing et al.，2019）。

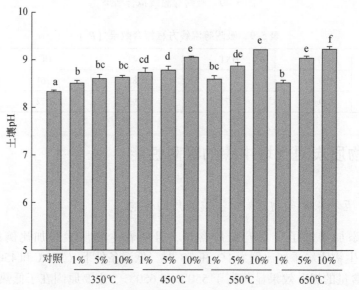

图 5-51 生物质炭添加对土壤 pH 的影响

柱状图上不同小写字母表示各处理间具有显著差异（$P \leqslant 0.05$）

生物质炭添加对土壤盐分含量无显著影响（图 5-52）。尽量互花米草是盐生植物，植物秸秆经过脱盐处理后制备的生物质炭不会增加土壤的 Cl^- 含量。

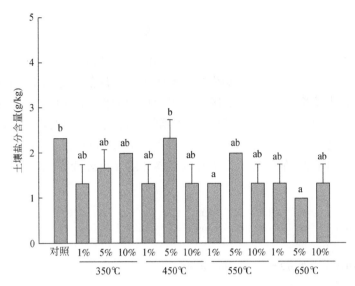

图 5-52　生物质炭添加对土壤盐分含量（以 Cl⁻ 含量计）的影响

柱状图上不同小写字母表示各处理间具有显著差异（$P \leqslant 0.05$）

5.4.3.2　互花米草生物质炭对土壤有效态镉含量的影响

随着热解温度的升高，添加生物质炭后，土壤有效态镉含量逐渐增加，这和生物质炭的官能团含量和孔隙度密切相关（Xu et al., 2004；仇祯等，2018），说明低热解温度下制备的生物质炭具有更强的镉吸附性能。350℃条件下制备的生物质炭降低了土壤中有效态镉含量；450℃条件下制备的生物质炭，当添加比例为 1% 和 5% 时，土壤有效态镉含量降低，当添加比例为 10% 时，土壤有效态镉含量增加；550℃ 和 650℃ 条件下制备的生物质炭均提高了土壤有效态镉含量，且随着添加比例的增加而增加（图 5-53）。

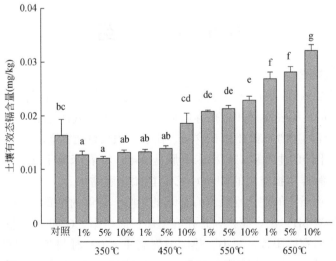

图 5-53　生物质炭添加对土壤有效态镉含量的影响

柱状图上不同小写字母表示各处理间具有显著差异（$P \leqslant 0.05$）

5.4.3.3 土壤有效态镉含量与土壤性质的关系

土壤有效态镉含量与 pH 显著正相关（$P<0.001$，图 5-54），与土壤有机质以及盐分含量无显著相关性。可见，土壤 pH 是影响生物质炭吸附重金属的关键因素（Cai et al., 2020）。有研究认为，在酸性或者中性土壤中，随着土壤 pH 的增加，土壤有效态镉含量降低（郭文娟，2013；Xiao et al., 2019）。碱性土壤中 pH 的增加会造成强碱性的环境，进而促进重金属镉的水解，有效态含量增加。本研究中，高温条件下（550℃和650℃）制备的生物质炭具有更高的 pH，它们的添加增加了土壤有效态镉含量（杨忠芳等，2005）。

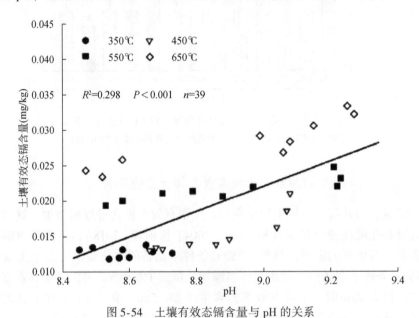

图 5-54 土壤有效态镉含量与 pH 的关系

5.5 小　结

（1）生物质炭特性

收获时间和脱盐处理影响生物质炭的特性。随着收割时间的推迟，生物质炭的产率和 N 含量降低，C 含量、比表面积和总孔容增加，且新增了含氧官能团 C＝O。脱盐处理导致互花米草干样和鲜样的生物质炭 C 和 N 含量、比表面积和总孔容增加，互花米草鲜样的生物质炭产率降低，但干样的生物质炭产率未受脱盐影响，互花米草干样生物质炭的 C—O—C 官能团强度降低，鲜样生物质炭的 C—O—C 官能团强度增加。

热解温度对生物质炭的理化性质具有显著的影响，热解时间的影响较小。随着热解温度的增加，生物质炭 pH、比表面积和总孔容增加，而产率、O 和 H 含量、H/C 和 O/C 比例、平均孔径、表面官能团数量减小。热解温度高于550℃时制备的生物质炭具有更高的碱性、稳定性、比表面积和孔隙度，然而表面官能团种类和强度较低；热解温度低于500℃时制备的生物质炭具有多样的和强度较大的表面官能团。热解时间对生物质炭性质的影响较小，说明植物原料较短的热解时间内（0.5h）即可完成大部分炭化，延长热解时间至1h可使植物原料充分炭化。

（2）生物质炭的重金属镉吸附性能

与热解时间相比，热解温度对生物质炭的吸附性能具有更重要的影响。互花米草生物质炭的镉吸附量高于芦苇生物质炭；随着植物秸秆收割时间的延迟，生物质炭的镉吸附量降低；脱盐处理降低了以12月收割的互花米草为原料制备的生物质炭的镉吸附量。随着重金属初始浓度的增加，生物质炭的吸附能力先增加后趋于平稳，且生物质炭在吸附120min后即可达到饱和。假二级方程和Langmiur方程分别对互花米草生物质炭的重金属吸附动力学和吸附等温线拟合效果更好。生物质炭添加增加了土壤有机质含量和pH，且随着生物质炭添加比例的增加而增加；生物质炭添加对土壤盐分含量无显著影响。随着制备热解温度的升高，添加生物质炭后，土壤有效态镉含量逐渐增加，低热解温度下制备的生物质炭具有更强的镉吸附性能，其中土壤pH是影响生物质炭吸附重金属的关键因素。

（3）生物质炭对盐碱土的修复作用

添加互花米草和芦苇生物质炭显著提高了盐碱土壤的阳离子交换量和含盐量，降低了土壤的碱化度。低添加量的生物质炭会使土壤pH降低，但当施炭量增加，土壤阳离子交换量和含盐量增加，碱化度降低的同时，土壤pH呈现增加的趋势。随着制备温度的升高，生物质炭对土壤阳离子交换量、碱化度的增加效果减弱，对pH和含盐量的增加效果增强。土壤中TC、TN、TP、OM和AP以及钾、钙、钠、镁等养分含量随着生物质炭的添加而增加，对硝态氮、铵态氮等速效养分的吸附能力增强，随着施炭量和制备温度的增加，硝态氮和铵态氮的含量反而降低。

生物质炭添加影响土壤酶活性。互花米草和芦苇生物质炭的添加对土壤蔗糖酶活性有明显的促进作用，且互花米草的促进效果明显高于后者；两者对脲酶都有一定的抑制作用，但并无明显差异；但前者促进磷酸酶活性，后者抑制。此外，低添加量的生物质炭对土壤微生物多样性具有促进作用，但随着添加量的增加，生物多样性反而降低。同时，嗜营养和耐盐碱的细菌种群的优势度随着施炭量和制炭温度的增加而增加。

第6章 黄河河口湿地资源肥料化利用

6.1 芦苇植物有机肥料

6.1.1 材料与方法

（1）堆肥堆制、取样

风干的芦苇秸秆切成 3～5cm 长的碎片，作为堆肥的主要碳源。将从当地农场购买的蘑菇渣和新鲜的畜禽粪便（牛粪、猪粪、鸡粪等）作为主要添加氮源，与芦苇秸秆混合堆制（图 6-1）。为了堆肥实验成功进行，添加水分调节至堆垛初始含水量为 70% 左右，并且每周两次进行翻堆以确保氧气供应减少堆垛内部的厌氧发酵。

(a)芦苇猪粪堆垛(RP)

(b)芦苇牛粪堆垛(RC)

(c)芦苇蘑菇渣堆垛(RM)

(d)芦苇鸡粪堆垛(RF)

图 6-1　不同堆垛堆肥情况

各个堆垛的初始理化性质见表6-1。在堆肥的第0天、第1天、第3天、第7天、第14天、第21天、第27天、第35天和第43天进行取样，取样位置为堆垛内部距离表面30~50cm处。将5个不同位置的子样品合成一个代表样品。

表6-1 堆肥初始理化性质

堆肥	TOC（%）	OM（%）	TN（%）	TP（%）	C/N
RC	41.12±1.28	70.89±2.21	1.03±0.01	0.53±0.05	39.56±0.97
RP	49.84±0.89	85.93±1.53	1.71±0.03	1.48±0.03	29.19±0.85
RF	43.08±1.95	80.44±0.92	1.44±0.07	1.23±0.06	29.90±1.35
RM	46.66±0.54	74.24±3.39	1.35±0.03	0.49±0.08	34.53±0.61

注：RC代表芦苇牛粪堆垛，RP代表芦苇猪粪堆垛，RF代表芦苇鸡粪堆垛，RM代表芦苇蘑菇渣堆垛，下同；TOC代表有机碳，OM代表有机质（有机质=有机碳×1.724），TN代表全氮，TP代表全磷，C/N代表有机碳与全氮的比值。

（2）理化性质指标测定

使用温度计测量取样点位置的温度，测堆肥堆制过程中温度的变化。取回的样品通过105℃加热至恒重来计算样品中的含水量；样品经过硫酸消煮后，使用凯氏定氮仪检测样品的总体含氮量以及使用钼锑钪比色法检测全磷含量；使用重铬酸钾氧化法测量样品整体的有机碳含量并通过比例计算有机质的含量（有机质=有机碳×1.724）；样品经硝酸-氢氟酸-高氯酸-盐酸消煮后，使用电感耦合等离子体发射光谱仪检测样品的全钾含量。

（3）酶谱分析和聚丙烯凝胶电泳

通过4℃低温摇床振荡提取样品中胞外酶（样品：蒸馏水=1∶9），经过离心获取上层澄清的粗酶液。分别以1%羧甲基纤维素钠和1%木聚糖作为反应底物，3,5-二硝基水杨酸作为显色剂，检测样品经过60℃孵育30min后葡萄糖的产生量来确定纤维素含量和半纤维素含量。使用聚丙烯酰胺进行活性电泳实验，电泳结束之后，将活性凝胶置于2%羧甲基纤维素钠溶液和2%的木聚糖溶液60℃孵育2h，之后使用0.5%刚果红溶液染色10min，最后使用1mol/L的NaCl溶液进行脱色，使用扫描仪扫描胶体获得纤维素酶谱和半纤维素酶谱。

（4）DNA提取

选取堆肥第0天、第7天、第14天、第27天和第43天的样品作为本研究的对象。根据说明书，使用土壤DNA试剂盒（DNeasy PowerSoil Kit, German）对0.20g的堆肥样品进行总DNA的提取。提取后的DNA通过微量分光光度计NanoDrop® ND-1000（Thermo Fisher Scientific Inc., Waltham, MA, USA）和0.8%琼脂糖凝胶电泳进行DNA质量和浓度的检测。提取后的DNA置于−20℃冰箱中保存，以进行后续的操作。

（5）高通量测序

基于Illumina MiSeq平台进行16S和ITS扩增子测序工作。使用引物343F（5′-TACG-GRAGGCAGCAG-3′）和798R（5′-AGGGTATCTAATCCT-3′），对16S rRNA基因的非保守序列V3~V4区域进行扩增，使用ITS1F（5′-CTTGGTCATTTAGAGG AAGTAA-3′）和ITS2（5′-GCTGCGTTCTTCATCGATGC-3′），对ITS进行扩增。为了确保下游分析的质量，对

Illumina MiSeq 测序的原始数据进行处理，去除对端读区（reads）不明确的碱基。此外，还剔除平均质量分数小于 20bp 和<50bp 的低质量序列。随后，对端读区以最小重叠 10bp，最大重叠 200bp，最大错配率 20% 的方式拼接。分别使用 QIIME（1.8.0 版本）和 UCHIME（2.4.2 版本）去除 N 碱基，小于 200bp 的序列和带有嵌合体条带。使用 Vsearch（2.4.2 版本）将去杂后的条带根据 97% 的相似性进行归类。选取丰富度最高的条带作为代表序列，并对其进行注释。在注释过程中，没有注释到序列定义为 Unidentitied，而相对含量低于 1% 的微生物门和属被定义为 Others。

（6）qPCR

对堆肥第 1 天、第 3 天、第 7 天、第 21 天和第 35 天的 DNA 样本进行 qPCR 检测，分析堆肥过程中抗生素抗性基因（antibiotic resistance genes，ARGs）和可移动遗传元件（mobile genetic elements，MEGs）的变化。使用罗氏 LightCycler© 480 Ⅱ（Roche，Basel，Switzerland）和 SYBR-Green 染料对 25 个属于 8 个常见的抗生素耐药基因类的 ARGs（大环内酯类、β-内酰胺类、喹诺酮类、氨基糖苷类、万古霉素类、磺胺类、四环素类、氯霉素类），6 个 MGEs（*intl1*、*intl2*、*ISCR1*、*tnpA-01*、*tnpA-02*、*Tn916/1545*）以及 16S rRNA 基因作为内基因进行荧光定量。20μL 反应混合物包含 10μL 2×M5 HiPer SYBR Premix EsTaq（with Tli RnaseH），0.4μL 10nmol/L 上游引物，0.4μL 10nmol/L 下游引物，2μL DNA（10ng）和 7.2μL 双蒸水。扩增条件为 95℃预变性 3min，95℃预变性 10s，60℃退火 20s，40 个循环。扩增后，利用 65~95℃的熔融曲线来评估 qPCR 的特异性。检测阈值设置为 Ct<31。

（7）网络分析

利用运算分类单元（operational taxonomic units，OTUs）的相对丰度构建每个处理的网络，4 次采样 3 次重复（除第 0 天外共 12 个样本），筛选能够在 6 个及以上样品中检测到，且总条带数大于 0.1% 的细菌和真菌 OTUs，用于后续的网络分析。通过 R 包 Hmic 中的 rcorr 函数进行 OTU 之间 Spearman 相关系数的分析。采用假发现率（false discovery rate，FDR）Benjamini-Hochberg adjustment 方法对生成的 P 值进行多次检验校正。保留显著相关的 OTUs（$r>0.7$，$P<0.05$）用于下一个网络图构建。通过 R 包 igraph 计算网络的平均路径长度、聚类系数、直径、密度和模块化等拓扑性质。每个节点的拓扑函数根据 Olesen 等（2007）提出的 Zi 和 Pi 的阈值估计。使用 Grphi（0.9.2 版本）进行共线性网络的可视化。

6.1.2　外源富氮底物添加对植物堆肥性质的影响

6.1.2.1　植物堆肥理化性质

为了鉴定堆肥系统的有效性，对以芦苇牛粪堆垛、芦苇蘑菇渣堆垛、芦苇鸡粪堆垛和芦苇猪粪堆垛的腐熟过程中的温度与腐熟完成后的营养物质含量进行检测（图 6-2 和表 6-2）。各个堆垛均在第一天就进入高温期，并且高温期保持时长超过 1 个月，能够有效地杀死虫卵和草籽，满足《粪便无害化卫生要求》（GB 7959—2012）要求的高温期（>50℃的）超过 5 天。各个堆垛之间对比可以发现，芦苇猪粪堆垛的高温期长于其他三个堆垛。堆垛含水量随着时间延长出现了明显降低的趋势，在堆肥初期样品的含水量为60%左右，在第35天时，芦苇牛粪堆垛和芦苇猪粪堆垛下降到了40%左右，而芦苇蘑菇渣堆垛和芦苇鸡粪堆垛维持在60%左右。堆肥过程中堆垛的 pH 整体呈碱性，主要是因为好氧微生物对底物进行降解产生 NH_3 所致。同时由于微生物对底物的降解产生更多的可溶性离子，堆肥过程中 EC 有所上升。

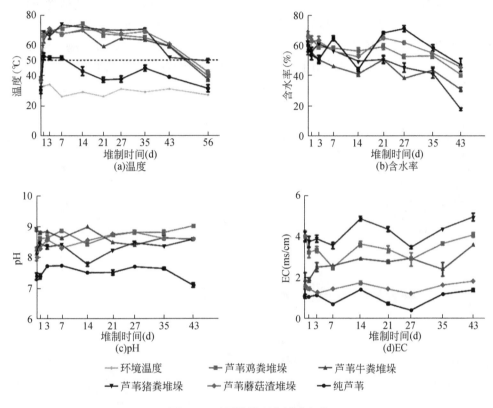

图 6-2　不同堆垛理化性质变化

对各个堆垛第56天的样品进行营养成分的检测发现，RC、RM、RF 和 RP 的有机质含量均高于45%，且全氮+五氧化二磷+氧化钾总含量大于5%，并且养分含量均达到国家有机肥的标准，说明四种底物均适用于芦苇秸秆的堆肥制作。此外，在 RF（8.41%）和 RP（8.74%）中全氮+五氧化二磷+氧化钾总含量大于 RC（5.87%）和 RM（5.88%），在提高作物产量方面具有更大的潜力。

表 6-2　肥料 RC、RM、RF 和 RP 的理化性质　　　　　　　　（单位:%）

肥料	有机质	有机碳	全氮	五氧化二磷	氧化钾
RC	54.08±1.91	31.37±1.11	1.29±0.03	1.99±0.06	2.59±0.03
RM	56.29±1.01	32.65±0.58	2.01±0.05	1.61±0.07	2.26±0.04
RF	50.96±2.87	29.56±1.67	2.01±0.01	3.05±0.15	3.35±0.04
RP	55.77±3.84	32.35±2.23	2.29±0.05	3.45±0.06	3.00±0.05

6.1.2.2 植物堆肥酶活性及酶谱

在各个堆垛中，木聚糖酶和纤维素酶活性在升温期均出现急剧下降（图6-3），然后在高温期酶活性升高的现象，说明底物芦苇秸秆原先含有的纤维素酶和半纤维素酶分泌微生物受到高温的抑制失去活性。进入高温期，嗜热木质纤维素降解微生物发挥着堆肥过程中降解木质纤维素的作用。对比不同堆垛之间纤维素酶活性和半纤维素酶活性可以发现，RC 和 RM 在堆肥前期表现出更高的纤维素酶活性和半纤维素酶活性。纤维素酶谱和半纤维素酶谱结果也显示出，RC 和 RM 在堆肥前期先表达纤维素酶和半纤维素酶。由于碳代谢阻遏机制的存在，上述结果也说明了 RC 和 RM 中含有更少的易降解物质。

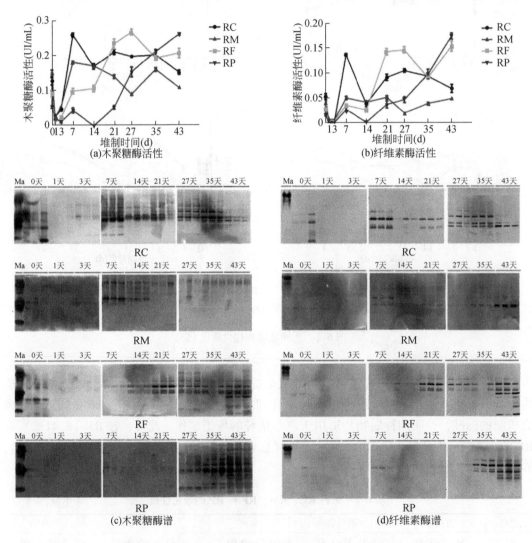

图6-3 堆肥过程中木聚糖酶和纤维素酶活性及酶谱的动态变化

6.1.2.3　植物堆肥微生物群落特征

从 60 个 16S rRNA 及其克隆文库中去除潜在嵌合体后, 共获得 1 条、967 条、971 条高质量 16S 序列和 2 条、332 条、670 条高质量 ITS 序列。根据 97% 的序列相似性, 将细菌和真菌的序列聚类为 7452OTUs 和 3485OTUs。不同样品间微生物多样性和丰度差异的 Shannon 多样性指数和 Chao1 指数的 α 多样性如图 6-4 所示。

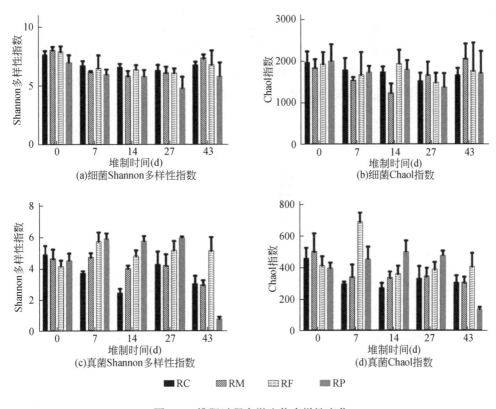

图 6-4　堆肥过程中微生物多样性变化

在堆肥过程中, 所有处理的细菌多样性都呈现先减少后增加的趋势 [图 6-5 (b)], 这可能与温度的变化有关 [图 6-5 (a)]。温度在升温期迅速升高进入高温期, 从而限制了细菌微生物多样性。随后第 43 天温度下降, 导致温度选择压力减弱。相比之下, 真菌的 Shannon 多样性指数在四个处理中并没有表现出一致的趋势, 说明真菌多样性更容易受到提供了独特环境的原料的影响。此外, 基于 Chao1 指数的堆肥样品的物种丰富度也符合上述结果 [图 6-5 (c)]。总体而言, 四种富氮底物理化性质的差异导致了微生物多样性的变化。

基于 Bray-Curtis 距离进行主坐标分析 (principal co-ordinates analysis, PCoA), 比较样品间微生物群落组成的差异 [图 6-5 (a) 和 (b)]。堆肥初始材料和堆肥过程均对细菌和真菌群落结构产生了显著影响 (P<0.05)。细菌群落 (P<0.001) 和真菌群落 (P<0.01) 在第 0 天有显著性差异, 主要是由富氮基质的差异引起的, 且差异在堆肥过程中扩大。以

往的研究表明，堆肥过程中微生物群落组成的动态变化是由多种环境因素和物质转化引起的。在嗜热期初期，温度的快速升高是促使嗜热微生物取代中嗜温微生物的最主要环境因素，导致微生物群落组成发生巨大变化。此外，研究还发现，堆肥过程中的微生物群落受原材料和温度以外的其他环境因素（如湿度、C/N、水溶性有机碳）的显著影响（Wang et al.，2015；Hu et al.，2017）。然而，营养物质的可利用性也解释了微生物群落结构的变化。在升温期和高温前期，易降解物质迅速减少导致不同底物偏好性的微生物发生演替。特别是在堆肥过程中，来自不同处理的样品在PCoA中聚集得更紧密，表明微生物的演替过程也受到不同富氮基质的驱动。在堆肥过程中，RC和RM的细菌和真菌群落在统计学上相似，RF和RP也相似，这可能表明环境因素与养分利用率在RC和RM比较相似，RF和RP比较相似。此外，细菌群落组成的距离矩阵比真菌群落组成的距离矩阵要远得多，说明细菌比真菌对堆肥过程中理化性质的变化更敏感。

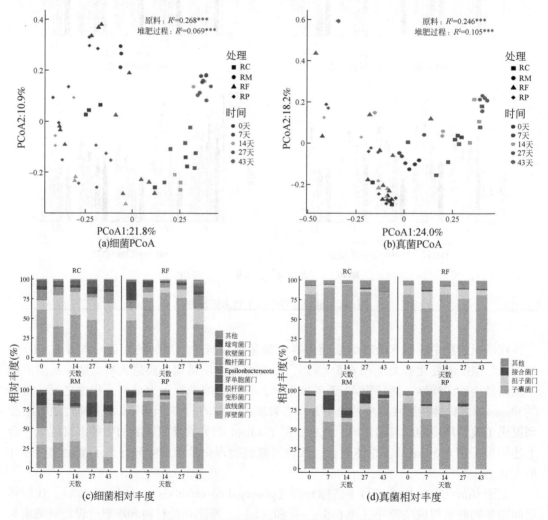

图6-5 堆肥过程中微生物群落结构的差异

6.1.2.4　堆肥过程中微生物群落结构动态变化

在所有样品中一共检测出 30 个细菌门 [图 6-5（c）]，其中在堆肥过程中发挥主要作用的是厚壁菌门（54.06%）、放线菌门（23.81%）、变形菌门（9.13%）、拟杆菌门（6.34%）和芽单胞菌门（5.22%），代表 60 个样本中鉴定出的细菌序列占 88.24%~99.85%。然而，不同富氮底物对主要细菌门的相对丰度仍存在显著差异。其中厚壁菌门和放线菌门为优势门，占 76.87%，在嗜热期更为丰富。厚壁菌门可分泌多种胞外酶来降解蛋白质、果胶和纤维素等大分子底物。特别是，Zhang 等（2018）报道厚壁菌门可在嗜热阶段分泌大量的细胞外热稳定酶，在蛋白质降解中发挥主要作用。而在以木质纤维素为主要底物的堆肥体系中，放线菌对木质纤维素的降解能力强于厚壁菌门。一般来说，微生物优先利用容易降解的有机物，如蛋白质、脂肪和可溶性糖，然后利用难以降解的物质，如纤维素和木质素。RF 和 RP 比 RC 和 RM 富集了更多的厚壁菌门，可能是由于在鸡粪和猪粪中蛋白质含量更多而纤维含量较少。第 43 天，当容易代谢的底物被耗尽时，厚壁菌门被高效木质纤维素降解的放线菌门所取代。总的来说，堆肥过程中嗜热菌群落的演替可以看作是放线菌门和厚壁菌门之间的动态平衡，原料的性质可能是主要因素。

在芦苇秸秆堆肥系统中，蛋白质含量较低的富氮基质聚集了以木质纤维素为主的微生物群落。在目前的研究中，芽孢杆菌（厚壁菌门）被发现是 RF 和 RP 中的优势细菌（图 6-6），这与此前木质纤维素堆肥系统中的结果一致。然而，它没有成为 RC 和 RC 的优势属，这可能是由于芽孢杆菌喜富氮环境且能够分泌大量的胞外蛋白酶。与预期的一样，在 RC 和 RM 中富集了大量的木质纤维素降解相关的细菌属，如 *Thermopolyspore*、双孢菌属（*Thermobispora*）和 *Rhodothermus*。

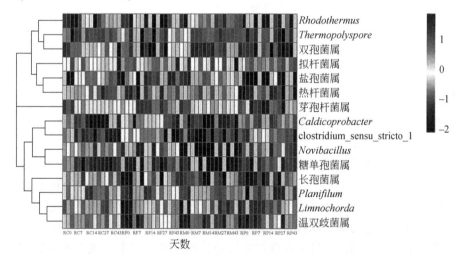

图 6-6　堆肥过程中细菌属水平群落结构动态变化

相比之下，真菌群落在门水平上比细菌群落稳定得多。在所有处理中，共鉴定出 9 个真菌门 [图 6-5（d）]，其中子囊菌门（78.21%）是最占优势的真菌门，担子菌门次之（9.14%），接合菌门仅占 3.25%。这四个处理在堆肥过程中拥有非常相似的真菌群落组成，主要由子囊菌门组成。

在属水平上，第0天在3个处理中（RM除外）检出子囊菌属4个属，相对丰度大于5%，分别为嗜热真菌属（*Thermomyces*）、踝节菌属（*Talaromyces*）、曲霉属（*Aspergillus*）和节菌属（*Wallemia*）（图6-7）。此外，RM中含有更多的来自蘑菇渣的细菌属木霉属（*Trichoderma*）和草菇属（*Volvariella*）。在嗜热期，真菌群落组成发生显著变化。在所有处理中，曲霉属和节菌属的相对丰度迅速降低，草菇属和木霉属的相对丰度也显示快速下降，表明来自原材料的初始微生物不适应高温环境，逐渐被嗜热微生物所取代。值得注意的是，除RM处理外，其他处理均富集了疏棉状嗜热丝孢属（*Thermomyces lanuginosus*）。嗜热丝孢属可能是木质纤维素堆肥过程中主要的木质纤维素降解真菌。

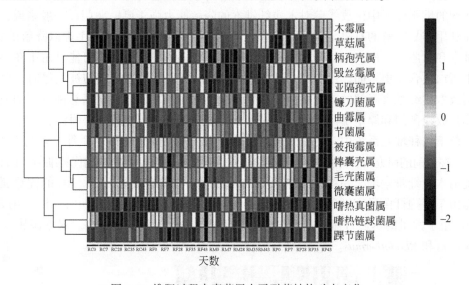

图6-7 堆肥过程中真菌属水平群落结构动态变化

6.1.2.5 植物堆肥中嗜热微生物之间的互作网络

为了鉴定堆肥系统中嗜热微生物之间潜在的互作和共享的生态位，构建了不同处理的微生物互作网络（图6-8）。

RF中微生物共现网络的边缘数和密度表示的复杂性最高，其次是RP、RM和RC。与其他两种氮源相比，牛粪和蘑菇渣中易于降解的基质含量较低，这可能限制了堆肥微生物共现网络的复杂性。此外，高度连接的网络提供更多的功能冗余，具有更大的社区稳定性和对干扰的抵抗力，这表明添加营养丰富的底物更有可能在堆肥过程中保持微生物群落组成的稳定性。值得注意的是，每个处理在它们的共现网络组成上表现出不同的特征。4个处理共现网络中的节点涵盖15个细菌门和3个真菌门（图6-9），尽管所有处理的节点大多属于厚壁菌门、放线菌门和子囊菌门。与RF和RP相比，RC和RM中与放线菌相关的节点更多，属于厚壁菌门的节点更少，与微生物群落组成相似。在边缘组成方面，不同的处理表现出相似的特征。共现网络中发生的微生物之间的相关性主要为正相关，表明在堆肥体系中微生物相互协作共同促进大分子物质的降解。

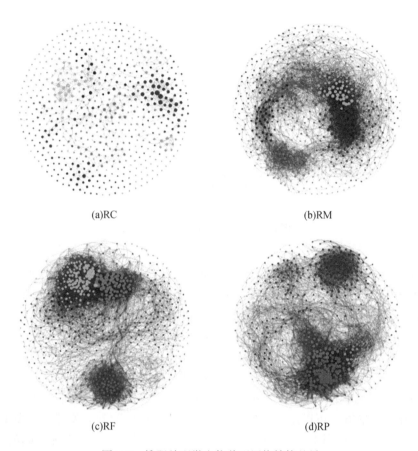

(a)RC

(b)RM

(c)RF

(d)RP

图 6-8　堆肥处理微生物共现网络结构差异

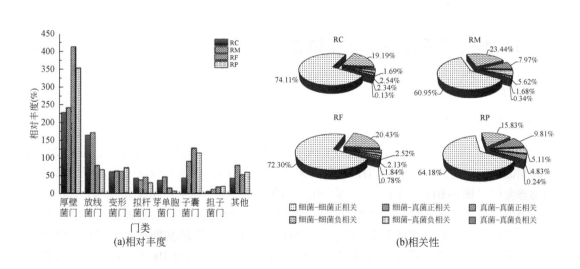

(a)相对丰度

(b)相关性

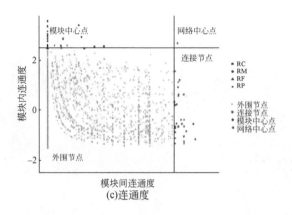

图 6-9 网络节点以及连接构成

Zi-Pi 分析探讨了单个节点的拓扑性质 [图 6-9（c）]。根据不同模块内连接（Zi）和模块间连接（Pi），节点被分为四类：外围节点（Zi<2.5 和 Pi<0.62）、连接节点（Zi<2.5 和 Pi>0.62）、模块中心点（Zi>2.5 和 Pi<0.62）和网络中心点（Zi>2.5 和 Pi>0.62）。在本研究中，每个网络中的大多数节点都是外围节点（>97.9%）。其中，连接节点、模块中心点和网络中心点被认为是维持网络结构的关键微生物。根据这一标准，来自放线菌门和厚壁菌门的节点是堆肥过程中主要的关键分类群（图 6-9）。值得注意的是，同一物种并没有作为关键分类单元在多个共现网络中出现。然而，同一属的类群在多个共现网络中起着关键作用。功能冗余可以用来解释在堆肥共现网络中检测到的关键石分类单元，即不同的微生物（特别是属于同一属的微生物）可能在维持网络结构中发挥相同的功能作用。功能冗余可以作为不同的关键微生物在维持网络结构中发挥重要的作用。此外，对维持网络结构关键微生物的相对丰度进行统计发现，稀有种在维持网络结构中发挥关键作用。

6.1.3 不同碳氮比底物堆肥抗生素抗性基因（ARGs）去除机制研究

6.1.3.1 微生物多样性及组成

36 个样本共获得 1 336 423 条优质细菌读区和 1 557 998 条优质真菌读区，以 97% 的序列相似性聚类为 6062 个细菌 OTUs 和 2600 个真菌 OTUs。在这些样品中测定了 α 多样性的动态变化（图 6-10）。结果表明，除 HL（芦苇牛粪 3∶1 堆垛）真菌群落的 Chao1 指数外，微生物群落的多样性和丰富度在前 3 天均呈增加趋势，随着时间的推移，两种处理的微生物多样性和丰富度均呈下降趋势。一种可能的解释是，堆肥初期更多易获得的物质可以支持更高的微生物多样性，以减轻高温的抑制作用。除 1 天时 HL 的 Shannon 多样性指数显著高于 LL（芦苇牛粪 1∶1 堆垛）外，2 个处理的多样性和丰富度均无显著差异（$P<0.05$），说明初始底物 C/N 对堆肥过程中微生物多样性和丰富度的影响较小。

基于 Bray-Curtis 距离的 PCoA 分析表明，堆肥过程和堆肥处理显著改变了细菌群落

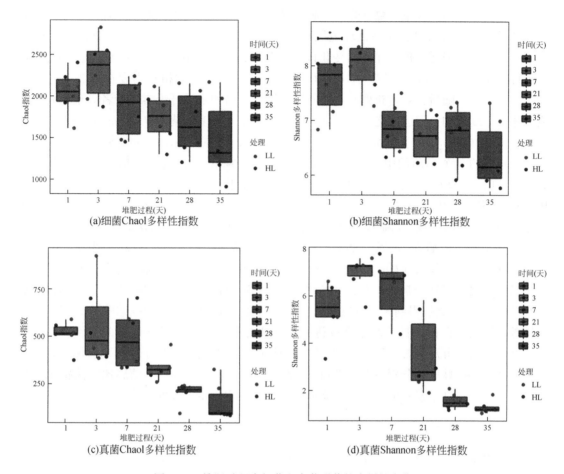

图 6-10　堆肥过程中细菌和真菌群落的多样性变化

（$P<0.05$），而堆肥处理对真菌群落并没有显著影响（$P>0.05$），这种现象说明细菌对初始底物的变化更加敏感。与 HL 相比，LL 的微生物群落演替表现出一种滞后，即第 35 天时 LL 与第 28 天时 HL 的微生物群落相似，第 21 天时 HL 与第 28 天时 LL 的微生物群落相似，说明堆肥过程补偿了初始 C/N 引起的嗜热细菌群落组成的差异，两种处理的微生物演替机制可能相似（Qiao et al., 2021）。

36 份样品中共检出 30 个细菌门，包括厚壁菌门（35.0%）、放线菌门（28.7%）、变形菌门（19.6%）、芽单胞菌门（7.6%）和拟杆菌门（6.4%）。这些门占鉴定序列的 87.8%~99.6%。在初始基质中，优势菌门变形菌门和拟杆菌门占鉴定序列的 59.6%~76.8%，但随着堆肥过程中厚壁菌门和放线菌门相对丰度的增加，优势菌门的相对丰度迅速下降。在初始底物中存在大量易利用的物质，导致厚壁菌门快速生长。厚壁菌门氨基酸代谢能力强，生长速度快，在 LL 和 HL 中分别于第 14 天和第 7 天达到峰值。随后，随着难降解木质纤维素相对含量的增加，木质纤维素降解能力较强的放线菌门逐渐取代厚壁菌门成为主要的细菌门（Wang et al., 2016）。在两种处理中，初始阶段（第 1 天）嗜常温的优势菌属不动杆菌属（*Acinetobacter*）和假单胞菌属（*Pseudomonas*）在第 7 天被嗜热菌所取代，表现出相对含量大幅下降。堆肥诱导的高温对料源微生物群落施加选择压力，有效降低了粪便致病菌引起的潜在环境风险（Wang et al.，2018；Wu et al.，2020）。之后，随着营养物质的消耗、理化性质的变化以及微生物间的相互作用，许多细菌属相继盛行。芽孢杆菌属（*Bacillus*）和共生小杆菌属（*Symbiobacterium*）的相对丰度在第 3 天急剧增加，然后下降。随后，对易获得的物质的消耗导致了诸如木质纤维素消费者等难以利用的成分相对丰度增加，促进了能在高温下降解这些物质的热多孢菌属（*Thermopolyspora*）、平螺纹丝菌属（*Planifilum*）、*Thermocrispum* 和链霉菌属（*Streptomyces*）的增加。

在检出的 8 个真菌门中，子囊菌门最为常见（64.6%），其次是担子菌门（6.2%）和接合菌门（2.9%）。与门水平细菌群落演替明显相反，子囊菌门在堆肥过程中起主要作用，在 LL 和 HL 中始终占主导地位。在属水平上，真菌类群的动态变化可分为三类：①主要来自原料，受高温抑制的真菌，包括丝孢酵母属（*Trichosporon*）、酵母属（*Remersonia*）、聚端孢霉属（*Trichthecium*）和 *Phaeoacremonium*；②主要由曲霉属（*Spergillus*）、镰刀菌属（*Fusarium*）和丝衣霉属（*Byssochlamys*）构成，这些真菌在第 7 天大量富集，之后受到抑制；③主要由嗜热真菌属和嗜热链球菌属（*Mycothermus*）构成，这些真菌在第 21 天之后得到大量的富集。对木质纤维素的利用能力较强的嗜热真菌属和嗜热链球菌属大量存在表明了大部分易利用物质被耗尽，也揭示了其他真菌受到抑制的原因。在堆肥真菌群落演替过程中，嗜热链球菌属的富集时间始终早于嗜热真菌属，且嗜热真菌属和嗜热链球菌属分别在 HL 和 LL 中富集更多，这表明嗜热真菌属比嗜热链球菌属具有更强的木质纤维素降解能力，更能适应木质纤维素含量较高的环境。

6.1.3.2 微生物网络结构

基于 Procrustes 分析和 Mantel 分析，在 OTU 水平上，细菌群落组成动态与真菌群落组成显著相关（Procrustes 分析，$P<0.001$，$M^2=0.256$；Mantel 分析，$P<0.05$，$r=0.617$）。为进一步确定不同处理堆肥过程中微生物的共现模式，我们构建了两个细菌和真菌共现网络如图 6-11 所示，网络结构的主要拓扑性质见表 6-3。两个网络的度呈现幂律分布特征（LL，$R^2=0.808$，$P<0.05$；HL，$R^2=0.783$，$P<0.05$），揭示了这些网络的非随机模式和

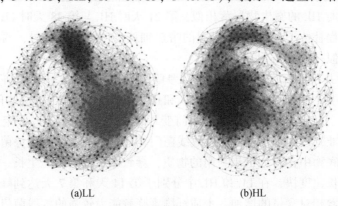

(a)LL　　　　　　　　　　　(b)HL

图6-11　堆肥处理微生物共现网络结构差异

无标度性质，说明微生物网络并非随机组合形成。两种共现网络的平均路径长度和平均聚类系数均小于相同大小的 Erdos-Rényi 随机网络，表明网络具有"小世界"性质。虽然无论处理方式如何，微生物共现网络中均存在更多的正向互作，但正向互作随着 C/N 的降低而增加，说明原料中更多易利用营养物质会促进在堆肥过程中正向生态互作（即共生和互惠）（Berry and Widder, 2014）。

表 6-3　共现网络中的边构成情况

处理	分类	互作（条）	正向（%）	负向（%）
LL	总数	7677	5486（71.5%）	2191（28.5%）
	细菌-细菌	5933	4407（74.3%）	1526（25.7%）
	细菌-真菌	1208	546（45.2%）	662（54.8%）
	真菌-真菌	536	533（99.4%）	3（0.6%）
HL	总数	8494	5147（60.6%）	3347（39.4%）
	细菌-细菌	6351	3726（58.7%）	2625（41.3%）
	细菌-真菌	1313	606（46.2%）	707（53.8%）
	真菌-真菌	830	815（98.2%）	15（1.8%）

两种处理共生网络中的节点隶属于 13 个门，含 10 个细菌门和 3 个真菌门，与微生物群落组成相似。其中放线菌门、厚壁菌门、变形菌门和子囊菌门 4 门相对优势，分别占 LL 和 HL 所有节点的 75.0% 和 84.1%。HL 中分解木质纤维素能力高的放线菌属和子囊菌属的节点相对丰度大于 LL，说明原料的差异可以选择具有特殊底物偏好的微生物参与共生网络的形成。在边的构成中，细菌-细菌的相互作用是主要因素，占所有边的 77.3%，HL 占 74.8%，其次是细菌-真菌的相互作用和真菌-真菌的相互作用。在这些相互作用分类中，两种处理的细菌-真菌相互作用中负向作用（LL 为 53.8%，HL 为 54.8%）要多于细菌-细菌相互作用中的负向作用（LL 为 25.7%，HL 为 41.3%）和真菌-真菌相互作用中的负向作用（LL 为 0.5%，HL 为 1.8%）。微生物之间的负向作用可能是由于它们对营养物质的竞争（Bello et al., 2020）。作为堆肥过程的驱动力，真菌和细菌积极地争夺资源。

6.1.3.3　堆肥过程中 ARGs 和 MGEs 的动态变化

植物堆肥中共检测到 16 个 ARGs 和 4 个 MGEs，总相对丰度为 $1.10 \times 10^{-2} \sim 7.17 \times 10^{-2}$ [图 6-12（b）]。ARGs 主要为四环素类、磺胺类和氨基糖苷类耐药基因，这与四环素类、氨基糖苷类和磺胺类药物在畜牧生产中的广泛使用有关（Zhu et al., 2013）。与初始样品相比，堆肥后 LL 和 HL 中 ARGs 的总相对丰度分别降低了 77.5% 和 68.7%。特别是在第 3 天，LL 和 HL 中 ARGs 的相对丰度分别迅速下降到 33.3% 和 37.7%，并保持稳定直到堆肥结束。这表明高温可以杀死堆肥中大量的初始微生物，支持堆肥过程中 ARGs 的有效去除。同样，Liao 等（2018）指出，高温堆肥可以加速 ARGs 的去除。在 ARGs 组成方面，堆肥处理和堆肥过程均显著改变了 ARGs 的整体分布格局（堆肥处理 $P<0.05$，$R^2=0.092$；

堆肥时间 $P<0.05$，$R^2=0.335$）［图6-12（a）］。由图6-12（c）可知，在两种处理中，大部分初始优势 ARGs *ermF*、*sul*2、*aadA*1、*tetW* 和 *tetM* 在 LL 中分别被去除了 83.6%、52.1%、85.2%、98.6% 和 96.1%，在 HL 中分别被去除了 14.1%、65.4%、85.7%、68.9% 和 99.6%。但相对丰度较高的 *sul*2 和 *aadA*1 在随后的堆肥过程中一直是占优势的 ARGs。此外，堆肥可有效去除 *aadA*5、*tetO*、*tetQ*、*aacC*2 和 *blaPSE*。堆肥处理对 ARGs 的影响主要体现在 *tetC*、*tetW* 和 *ermB* 的动态变化上，即使这些基因在堆肥后被有效去除。由于 ARGs 主要来自牛粪，更多的芦苇秸秆稀释了 ARGs 的初始浓度，降低了 HL 中 *tetC* 在第 1 天时的检测量。随后，LL 中 *tetC* 的相对含量逐渐升高，在第 21 天时达到峰值，并在第 35 天时下降，而 HL 中仅仅在第 3 天时检测到了 *tetC*。相似地，与第 1 天时的浓度相比，LL 中 *ermB* 在第 21 天时富集了 100.4 倍，并在第 35 天时大量减少，而 HL 中 *ermB* 在第 3 天增多后迅速减少。至于 *tetW*，虽然芦苇秸秆的增加稀释了 *tetW* 的相对丰度，但在随后的嗜热阶段，HL 中富集了更多的 *tetW*。ARGs 动态的相似性和差异性表明它们在不同的堆肥系统中具有独特的响应机制。

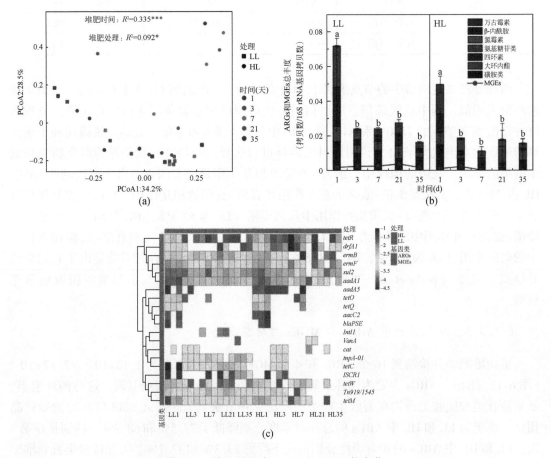

图6-12 堆肥过程中 ARGs 和 MGEs 的变化

在检测的 6 个包括整合子基因和转座子基因在内的 MGEs 中，一共检测到包含 *Tn919/*

1545、tnpA-01、intl1 和 ISCR1 在内的 4 个 MGEs［图 6-12（c）］。在这些 MGEs 中，Tn919/1545 是主要的初始 MGEs，随后在第 3 天被 tnpA-01 取代。MGEs 相对丰度下降的一个合理解释可能是，最初携带 Tn919/1545 的细菌大部分被高温抑制，而 tnpA-01 可能是在堆肥过程中位于嗜热细菌中。网络分析的结果或可证明这一观点，即与 Tn919/1545 显著相关的假单胞菌属被高温抑制，而与 tnpA-01 显著相关的脲芽孢杆菌属（Ureibacillus）和共生小杆菌属（Symbiobacterium）在第 3 天相对丰度显著增多。值得注意的是，堆肥后 LL 中总 MGEs 的相对丰度增加了 2.3%，而 HL 中 MGEs 则被完全去除，说明初始底物改变了堆肥过程中 MGEs 的去除机制。虽然细菌群落组成一直被认为是堆肥中 MGEs 的主要影响因素，且本研究之前提到的细菌群落的变化可能解释了初始 MGEs 的变化，但通过路径分析发现，理化性质、细菌群落、真菌群落不是决定 MGEs 的关键因素（Zhu et al.，2019；Zhou et al.，2021），这说明 MGEs 可能受到本研究未探讨的因素的影响，如重金属。综上所述，堆肥可以有效去除 ARGs，但 MGEs 的去除受堆肥处理的影响。

6.1.3.4　ARGs、MGEs 与细菌群落的相关性

通过 Procrustes 分析，评估 ARGs、MGEs 与细菌群落组成之间的整体相关性［图 6-13（a）］。ARGs 分布与细菌群落显著相关（Procrustes 分析：$P<0.05$，$M^2=0.778$），表明细菌演替是影响堆肥过程中 ARGs 的驱动因素。为进一步评价 ARGs/MGEs 的潜在寄主细菌，基于 Spearman 相关系数（$P<0.05$，$r>0.5$）构建 ARGs/MGEs 与细菌群落（前 30 属）共现网络［图 6-13（b）］。考虑到与 ARGs 正相关的属为潜在 ARGs 宿主，共鉴定出 5 个常见 ARGs 宿主门（变形菌门、埃普西隆杆菌门、厚壁菌门、拟杆菌门和放线菌门）中的 25 个属为 16 个 ARGs 和 4 个 MGEs 的潜在宿主。作为天然的抗生素产生者，放线菌门和厚壁菌门被认为是 ARGs 和 MGEs 的主要载体与传播者（Huerta et al.，2013）。此外，粪便中的优势菌拟杆菌门和变形菌门作为 ARGs 的主要载体已被广泛报道（Guo et al.，2019）。特别是小陌生菌属（Advenella）、热微菌属（Tepidimicrobium）、嗜蛋白菌属（Proteiniphilum）、不动杆菌属、假单胞菌属、黄杆菌门（Flavobacteria）和 Arcbacter 与多种 ARGs 显著共存，多次被报道为不同堆肥系统 ARGs 的潜在宿主（Gou et al.，2021）。有趣的是，这些在第 1 天携带 ARGs 的细菌相对丰度较高，占总序列的 38.5%。考虑到这些属的相对丰富度在高温期迅速下降，我们推测在堆肥过程中总 ARGs 相对丰度的下降主要是由高温对这些 ARGs 宿主细菌的抑制作用引起的。此外，我们也检测到 ARGs 与嗜热细菌存在显著相关性，如芽孢杆菌属（Bacillus）和高温双歧菌属（Thermobifida）与 sul2 显著相关，Thermocrospum 与 ermF 和 aadA1 显著相关，这可能解释了在嗜热阶段 ARGs 的相对丰度仍然保持在 22.53%~38.30% 的原因。

HGT 作为细菌获取外源 ARG 的有效途径，被广泛用于评估堆肥过程中 ARGs 传播的潜在风险。在本研究中，我们发现 ISCR1、Intl1、tnpA-01 和 Tn919/1545 与 7 个 ARGs 存在显著相关性。ARGs 与 MGEs 之间存在密切的正相关关系，说明 MGEs 诱导的 HGT 可能促进 ARGs 的增殖和扩散。网络分析的结果表明，intl1 与 tetW 和 aadA5 显著相关，另一个整合子基因 ISCR1 与 tetC 显著相关。这些整合子基因在 LL 多个样本中检测到，而在 HL 中很少检测到，说明不同的堆肥处理可以通过水平基因转移改变单个 ARGs 传播的可能性，

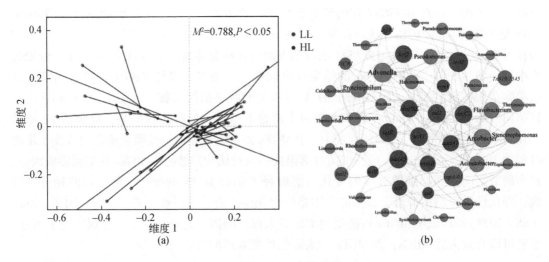

图 6-13　ARGs、MGEs 与细菌群落的相关性

即 LL 中 ARGs 仍然具有潜在的传播能力。在网络分析中，转座子基因与 ARGs 之间的相关性也可以得到同样的结论。转座子基因 *tnpA-01* 与 *ermB*、*ermF*、*tetC*、*tetR* 显著共现，另一转座子基因 *Tn919/1545* 与 *ermB*、*tetM* 显著共现。在堆肥过程中，大量的 *tnpA-01* 和 *Tn919/1545* 在 LL 的多个样品中都能检测到，而在 HL 的第 21 天和第 35 天样品中几乎检测不到。综上所述，堆肥可以通过抑制初始携带 ARGs 的细菌来达到去除 ARGs 的目的，而堆肥对 MGEs 的影响可能受到基质配比等多种因素的影响。

6.1.3.5　堆肥理化性质、微生物结构、MGEs 和 ARGs 之间的关系

在堆肥过程中，理化性质的动态变化将推动细菌和真菌群落的演替。我们采用冗余分析评价环境因素对细菌和真菌群落的影响（图 6-14）。通过正向选择去除方差膨胀因子较大的环境因子后，剩余环境因子对细菌群落总变异的解释比例为 42.35%，对真菌群落总

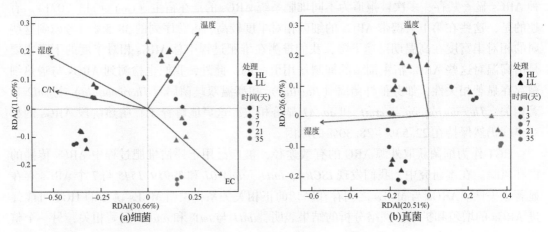

图 6-14　细菌群落、真菌群落与理化性质相关性的冗余分析

变异的解释比例为 27.18%。在所选环境因子中，温度和温度对细菌群落与真菌群落均具有显著影响（$P<0.05$）。温度作为堆肥过程中关键的环境因素，对堆肥微生物最直接的影响体现在对初始微生物的抑制和对纤维素、半纤维素与蛋白质降解能力强的嗜热微生物的富集。此外，堆肥过程中温度的降低也改变了微生物的生长和代谢，显著影响了细菌和真菌群落。

为进一步探讨 ARGs 剖面上的理化性质、真菌群落组成、细菌群落组成与 MGEs 之间的关系，构建了偏最小二乘路径模型（partial least squares path modeling，PLS-PM）。如图 6-15（a）和（c）所示，LL 和 HL 在堆肥过程中去除 ARGs 的潜在机制不同。结果表明，在影响 ARGs 分布的潜在因素中，细菌群落是唯一直接且显著影响 LL 和 HL 堆肥体系中 ARGs 分布的因素。作为 ARGs 的主要宿主，堆肥过程中细菌群落的快速演替有效地解释了 ARGs 的动态变化。然而，对 ARGs 有显著影响的因素 MGEs，在 LL 和 HL 均未显示出对 ARGs 有显著影响。Procrustes 分析结果也表明，MGEs 与 ARG 之间没有显著的相关性（Procrustes 分析：$P=0.198$，$M^2=0.918$）。这一现象表明，在堆肥过程中，细菌群落的演替比水平基因转移在改变 ARGs 分布方面发挥了更重要的作用。然而，我们的结果与一些研究结果相反，这些研究报告称，MGEs 是影响 ARGs 的主要因素，而不是堆肥过程中细

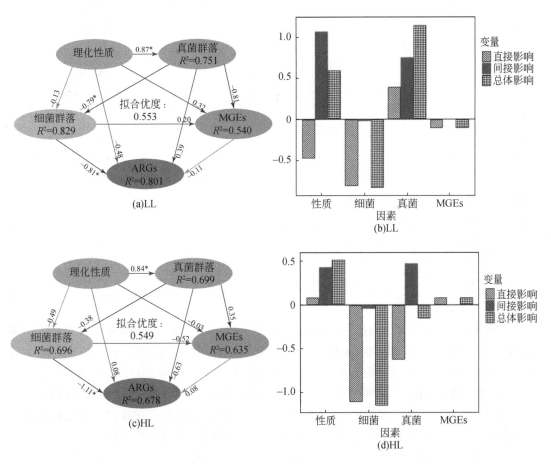

图 6-15　PLS-PM 显示了不同因素对 LL 和 HL 中 ARGs 分布的影响

菌群落的动态。一种有说服力的解释是，细菌系统发育和分类结构比水平基因转移发挥了更重要的作用（Forsberg et al.，2014）。此外，虽然物理化学性质和真菌群落对 ARGs 的分布没有显著的直接影响，但这些因素的间接影响不容忽视。如预期的那样，在堆肥过程中，真菌群落可以显著影响细菌群落，这意味着真菌群落可以间接改变 ARGs。然而，这种间接效应受到堆肥处理的影响，如真菌群落能显著影响 LL 中的细菌群落而对 HL 中的细菌群落没有显著影响。

6.2 耐盐微生物肥料

6.2.1 耐盐微生物菌种筛选

从黄河三角洲采集 13 个样地的土壤，每个样地取 5 份土壤，各样地信息见表 6-4。

表 6-4 土壤样品采样点信息

编号	纬度	经度	生境	物种
G01	37°45′44″N	119°9′2″E	大芦苇	芦苇、罗布麻
G02	37°45′44″N	119°9′2″E	碱蓬	柽柳
G03	37°45′32″N	119°9′53″E	碱蓬	小柽柳
G04	37°45′30″N	119°9′51″E	柽柳	柽柳（伴生种芦苇）
G05	37°45′42″N	119°2′42″E	裸地	
G06	37°45′33″N	119°9′47″E	路边	小芦苇
G07	37°45′31″N	119°9′51″E	路边	芦苇、白茅、旱柳、柽柳
G08	37°44′50″N	119°9′38″E	旱柳旁边的芦苇地	芦苇、白茅、旱柳
G09	37°45′45″N	119°2′46″E	路边	芦苇、白茅
G10	37°45′48″N	119°2′30″E	盐地碱蓬	盐地碱蓬
G11	37°46′52″N	119°3′40″E	小芦苇	小芦苇
G12	37°46′52″N	119°3′40″E	裸地	
G13	37°49′50″N	119°2′18″E	小芦苇及互花米草	小芦苇、互花米草

配制 90mL 无菌水，灭菌备用。取 5g 采集的土样溶解到 45mL 无菌水中，37℃。静置 20min 左右，定为原液。将原液稀释 10、10^2、10^3、10^4、10^5、10^6 倍，形成浓度梯度，分别取 200μL 涂布于耐盐菌富集分离培养基平板上，30℃倒置培养 2 天，观察菌落生长。

用接种环挑取高盐度平板单菌落至牛肉膏蛋白胨培养基平板，划线分离单菌落（图 6-16）。培养后观察是否为纯菌，菌落形态一致，若不纯，则重复挑取和纯化步骤。纯化后挑取单菌至牛肉膏蛋白胨斜面培养基中 37℃，培养 1 天后，将斜面置于 4℃冰箱保存。

从土壤中筛选出约 8 种菌株，对筛选出的菌种进行菌种耐盐度分析（表 6-5）、显微镜菌体形态观察（表 6-6）、芽孢染色（表 6-7）、革兰氏染色（图 6-17）、蔗糖和葡萄糖发

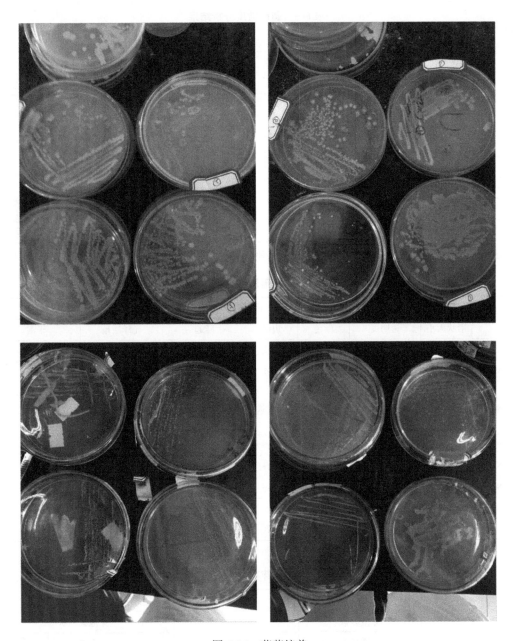

图 6-16　菌落培养

酵（表 6-8）、油脂和淀粉分解实验、甲基红实验、吲哚实验、运动性实验（表 6-9）等一系列生理生化性质测定，得到各菌株的理化性质测定结果。所分菌种耐盐度测试的氯化钠添加量分别为 100g、130g、150g 和 200g，平板划线，30℃培养 3 天。

表6-5 菌耐盐度分析结果

菌编号	盐浓度			
	5%	8%	10%	12%
1	√√	×	×	×
2	√	√	√	√
3	√√	√	√	√
4	√	√	√	×
5	√√	√	×	×
6	√	√	×	×
7	√	×	×	×
8	√	√	×	×

注: √表示菌种可以耐受某种盐浓度，√√表示对某种盐浓度具有极强的耐受性，×表示不耐受，下同。

表6-6 菌落形态观察结果

菌编号	菌落形态观察						
	形状大小	透明度	颜色	边缘	隆起	光泽质地	干湿
N1	不规则	不透明	乳白	波状	扁平	蜡状有光泽	干燥
N2	规则	不透明	白色	整齐	中间略微隆起	蜡状	湿润
N3	不规则	中间不透明，周围半透明	白色	裂叶状	中间扁平，周围略隆起	中间皱褶，周围黏稠。中间无光泽，周围有光泽	中间干燥，周围湿润
N4	规则	不透明	白色	整齐		蜡状有光泽	湿润
N5	规则	不透明	灰白	整齐	扁平，中间微凸	中间略微皱褶	干燥
N6	规则	不透明	白色	整齐	扁平	蜡状有光泽	湿润
N7	规则	不透明	浅黄	整齐	扁平	蜡状	湿润
N8	规则	不透明	白色	整齐	略微隆起	蜡状有光泽	湿润

表6-7 芽孢染色结果

菌编号	芽孢染色（孔雀绿）		
	芽孢形状	着生位置	芽孢囊形状
N1	椭圆	端生	不膨大
N2	椭圆	中生	不膨大
N3	圆或椭圆	端生	略微膨大
N4	椭圆	中生	不膨大
N5	椭圆	近端生	不膨大
N6	无芽孢		
N7	椭圆	中生或端生	不膨大
N8	椭圆	中生	不膨大

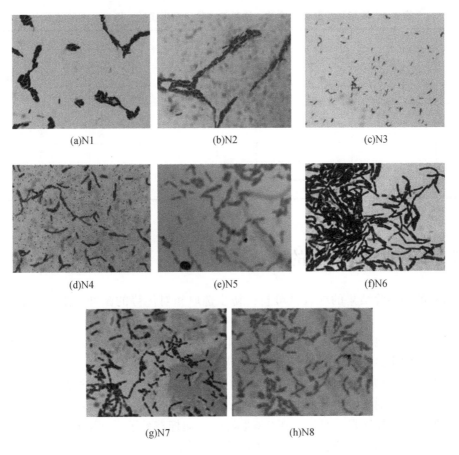

图 6-17　革兰氏染色结果

表 6-8　蔗糖和葡萄糖发酵实验结果

菌编号	蔗糖发酵		葡萄糖发酵	
	产酸	产气	产酸	产气
N1	×	×	×	×
N2	×	×	×	×
N3	√	×	√	×
N4	上半变黄	×	上半变黄	×
N5	上半变黄	×	上半变黄	×
N6	×	×	×	×
N7	√	×	√	×
N8	×	×	×	×

表6-9 油脂和淀粉分解实验、甲基红实验、吲哚实验、运动性实验结果

菌编号	油脂分解	淀粉分解	吲哚	甲基红	运动性
N1	−	+	+	−	无
N2	−	−	+	−	有，好氧
N3	+	+	+	+	有
N4	+	+	+	−	有，好氧
N5	−	+	+	−	无或微弱
N6	+	+	+	−	无或微弱
N7	−	−	+	+	无或微弱
N8	+	+	+	−	有

注：+表示阳性，−表示阴性。

6.2.2 细菌对种子萌发的影响

通过对前期实验结果的综合性分析，初步选取相对优势的菌种–细菌进行种子萌发实验。

基于改良盐碱地的目标要求，选取经济作物棉花种子和盐碱地指示性植物盐地碱蓬种子进行种子萌发实验。首先选取大小一致颗粒饱满的种子，配制10%过氧化氢，进行种子表面消毒10min，然后用无菌水冲洗多次。将盐地碱蓬种子和棉花种子置于加入待测菌株菌悬液和微生物菌剂中浸泡5h，对照组用无菌水浸泡，每组30粒种子，设置3个重复。考虑到盐地碱蓬耐盐性强，耐盐度在0.6%~3%，而棉花种子耐盐度在0.3%以下，所以针对盐地碱蓬种子和棉花种子分别设置不同的盐浓度。

盐地碱蓬种子盐浓度梯度：1%、1.4%、1.8%、2.2%、2.6%、3%。

棉花种子盐浓度梯度：0、0.2%、0.4%、0.6%、0.8%、1%。

将种子置于铺有两层滤纸的培养皿上，喷洒等量但盐浓度不同的水，每天三次，观察直至种子出芽。从种子出芽开始，每天记录种子萌芽数量。

棉花种子、盐地碱蓬种子第一天均无发芽。通过记录种子萌芽数量，发现无菌处理的种子萌发数量要多于加菌处理的萌发数量（图6-18和图6-19）。该实验结果表明，细菌对于种子萌发有抑制作用，不适用于制作微生物肥料。

(a)棉花种子

(b)盐地碱蓬种子

图 6-18　棉花种子、盐地碱蓬种子第二天发芽情况

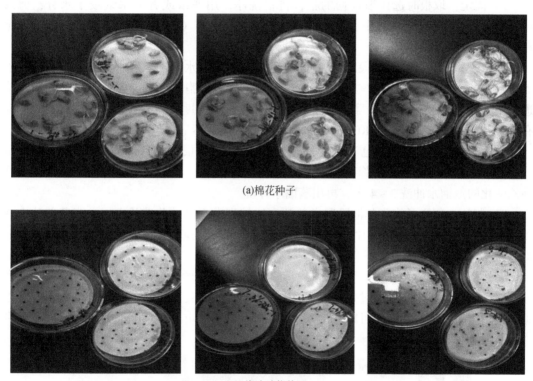

(a)棉花种子

(b)盐地碱蓬种子

图 6-19　棉花种子、盐地碱蓬种子第三天发芽情况

6.2.3　真菌对植物生长的影响

6.2.3.1　真菌侵染

装灭菌的沸沙培养基质至塑料盆的 2/3 处，播种玉米种子，每播种一颗玉米种子，就

在种子上覆一薄层接种物，再覆灭菌基质 1~2cm，浇水，移至温室培养。通过对玉米根系镜检照片的根系，得到孢子计数和根系侵染状况两部分实验结果。

我们选用目测视野法来计算孢子数。确定在所用的显微镜下能很容易能辨别孢子和无机碎屑的镜检倍数，计算该倍数下一个视野的面积。提取孢子并筛掉尽可能多的根和有机碎屑，将孢子悬液放入培养皿中，随机转动培养皿，使孢子多处散布，观察并计数。通过显微镜观察和计数，最终得出结果为每克土壤含有 62 个孢子。

侵染率测定是一种最方便直接地比较土壤和培养物中丛枝菌根真菌数量的方法，能说明丛枝菌根真菌侵染根系的侵染单元在根内的发育情况。为确定玉米是否被侵染以及侵染状况，我们进行了侵染镜检。

为便于观察，需要对玉米根系进行固定、透明、染色和制片。

1）固定：取根时选择细且韧的根，将根洗净，用滤纸或者吸水纸吸干水分，剪成 1cm 长的根段，置于塑料瓶中，加入福尔马林-乙酸-乙醇（FAA）固定液浸没根段，固定 4h 以上。

2）透明：将大约 2g 根段从 FAA 固定液中取出，用水冲洗，脱水，放入烧杯中，加入 10% KOH 浸没根段，目的是除去根部皮层细胞中的细胞质，便于染色时染料的尽快渗透。浸泡后放入水浴锅加热，浸泡和加热时间根据根的粗度和硬度、老根和硬根的不同而有所差异。加热结束后倒去 KOH，用清水轻轻漂洗至水不呈黄色即可。

3）染色：采用墨水染色法。向上述装有透明洗净根的烧杯中加入墨水醋染色剂（95mL 家用白醋，5mL 北京牌蓝黑墨水），煮开 3min 染色。倒出多余的染色剂，先用加几滴乙酸化的蒸馏水冲洗 3~4 次，再用蒸馏水冲洗。

4）制片：用镊子将染色根段取出并整齐地排列在干净的载玻片上，一张载玻片上放 15 个根段，然后在每张载玻片上加 2~3 滴乳酸，放上盖玻片，轻轻挤压，将根段压扁，即可观察。

通过显微镜镜检照片可以直观地观察到玉米根系的菌丝和泡囊等侵染单元，确定真菌已经成功侵染玉米根系。通过目测视野法在显微镜下观察，每克土壤含有 62 个孢子。根据与空白组对照的镜检照片可以看出，真菌已成功侵染，并且能够较直观地观察到菌丝和泡囊等侵染单元（图 6-20）。

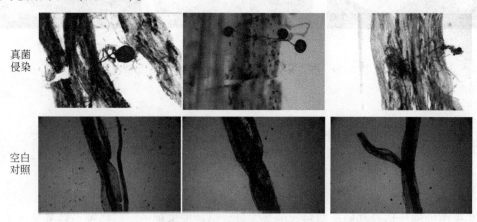

图 6-20　真菌侵染玉米根系

6.2.3.2 真菌对棉花生长的影响

（1）实验方案

A. 实验组设置

加菌处理方式：灭菌土、灭菌土+幼套球囊霉、灭菌土+摩西球囊霉。

盐浓度：根据预实验中棉花耐盐情况的实验结果，设置 5 个盐浓度梯度，分别为 0、0.2%、0.4%、0.6%、0.8%。

B. 实验方案

装盆：种植用河沙与营养土以 2∶1 的比例混合后，灭菌土用 121℃灭菌 20min 后装盆并称重，每盆 7.5kg。

移苗：棉花种子用 10%过氧化氢消毒后，置于水浴锅中 30℃恒温放置 3h 以上，待种子发芽后播入 50cm×50cm 育苗穴盘，待幼苗生长至两片真叶时移苗。

加菌处理：选取长势一致的幼苗间苗后，将根土混合物 100g 加入幼苗根部，埋深 15cm。

加盐处理：渐进加盐法（幼苗生长稳定后，一般是在幼苗生长 30 天以上，加盐至目标盐浓度）

（2）棉花株高和基径的变化

不同种菌处理方式和接种真菌的时间对棉花的株高具有显著性影响（$P<0.05$）。接种真菌 30 天后，CK 组棉花株高拔高了 207.48%，M 组拔高了 213.17%，Y 组拔高了 233.89%，这表明接种幼套球囊霉 30 天后能够显著促进棉花株高的拔高（图 6-21）。

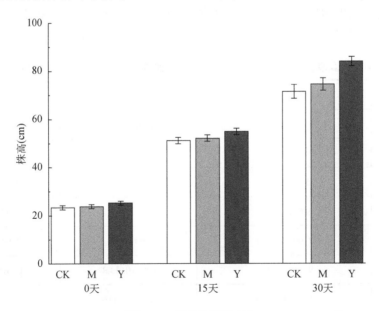

图 6-21 棉花株高的变化

不同种菌处理方式和接种真菌的时间对棉花的基径具有显著性影响（$P<0.05$）。接种真菌 30 天后，CK 组棉花基径提高了 128.46%，M 组提高了 154.11%，Y 组提高了 130.69%，这表明接种摩西球囊霉 30 天后能够显著促进棉花基径的增长（图 6-22）。

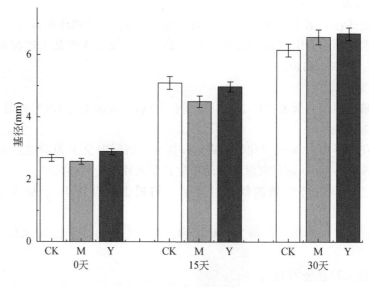

图 6-22 棉花基径的变化

(3) 棉花生物量的变化

盐浓度对棉花生物量各指标的影响具有显著性（$P<0.05$），真菌和盐的共同作用对棉花地下生物量和主根干重的影响具有显著性（$P<0.05$）（表 6-10）。

表 6-10 真菌、盐浓度以及二者的共同作用对棉花生物量的方差分析结果 （单位：g）

处理	地上生物量	地下生物量	总生物量
CK-1	11.62±1.86b	1.82±0.39a	13.44±2.20b
CK-2	16.83±0.60c	3.68±0.33b	20.51±0.51c
CK-3	5.04±0.96a	0.85±0.27a	5.89±1.12a
CK-4	6.69±2.20ab	0.99±0.41a	7.67±2.61ab
CK-5	7.00±1.88ab	0.94±0.32a	7.94±2.15ab
M-1	9.05±2.14ab	1.59±0.33ab	10.63±2.41ab
M-2	14.17±2.17b	2.37±0.41b	16.54±2.45b
M-3	7.58±1.28a	1.30±0.36ab	8.88±1.64a
M-4	8.02±1.51a	1.23±0.32a	9.25±1.79a

续表

处理	地上生物量	地下生物量	总生物量
M-5	11.89±1.47ab	1.52±0.32ab	13.42±1.73ab
Y-1	11.16±1.68a	1.58±0.25a	12.73±1.82a
Y-2	12.07±1.80a	2.16±0.37a	14.23±2.16a
Y-3	9.67±0.98a	1.77±0.19a	11.44±1.10a
Y-4	10.69±1.86a	1.43±0.26a	12.11±2.08a
Y-5	12.64±1.54a	1.99±0.33a	14.63±1.73a

盐浓度<0.6%：不论是否接种丛枝菌根真菌，棉花生物量（地下生物量、地上生物量）均增加，适当盐胁迫能够刺激棉花生物量的增加，其中主要是刺激棉花侧根生物量的增加（图6-23）。

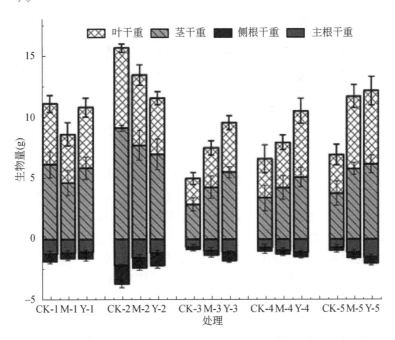

图 6-23　棉花生物量的变化

盐浓度达到0.4%：不论是否接种丛枝菌根真菌，棉花生物量在盐浓度由0.2%升高至0.4%时都显著下降（图6-23）。

盐浓度>0.6%：接种丛枝菌根真菌后能够显著促进棉花生物量（地上生物量、地下生物量）的增加，尤其是接种幼套球囊霉的实验组要高于其他两组（图6-23）。

（4）棉花根系可溶性糖含量的变化

盐浓度和不同种菌处理方式对棉花根系可溶性糖含量的影响具有显著性（$P<0.05$）。

盐浓度<0.2%：随着盐浓度的增加，棉花根系可溶性糖含量呈增加趋势，尤其是在接种幼套球囊霉后，表明低盐胁迫下接种丛枝菌根真菌能够刺激棉花根系分泌更多可溶性糖来抵抗盐胁迫（图6-24）。

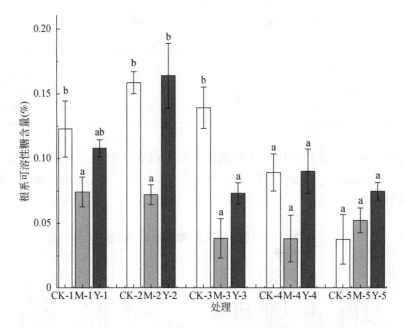

图6-24　棉花根系可溶性糖含量的变化

盐浓度>0.2%：随着盐浓度的增加，CK组棉花可溶性糖含量逐渐下降，但在这个过程中生物量反而升高，说明棉花此时可能不再依赖分泌更多可溶性糖来抵御盐胁迫。在接种丛枝菌根真菌后，棉花根系可溶性糖含量变化不明显（图6-24）。

（5）棉花根系淀粉含量的变化

盐浓度对棉花根系淀粉含量的影响具有显著性（$P<0.05$）。无论是否接种丛枝菌根真菌，盐浓度<0.2%和盐浓度>0.2%时，棉花根系淀粉含量均无明显变化。无论是否接种丛枝菌根真菌，当盐浓度由0.2%升高至0.4%时，棉花根系淀粉含量显著下降（图6-25）。

（6）棉花净光合速率的变化

盐浓度和真菌与盐的共同作用对棉花净光合速率（A）具有显著性影响（$P<0.05$）。随着盐浓度的升高，棉花的净光合速率逐渐降低，而接种丛枝菌根真菌并未促进棉花净光合速率的提高（图6-26）。

（7）棉花胞间二氧化碳浓度的变化

盐浓度和真菌与盐的共同作用对棉花胞间二氧化碳浓度（Ci）具有显著性影响（$P<0.05$）。

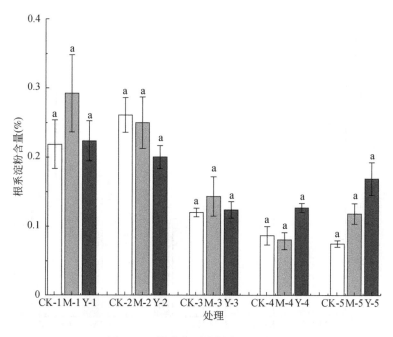

图 6-25 棉花根系淀粉含量的变化

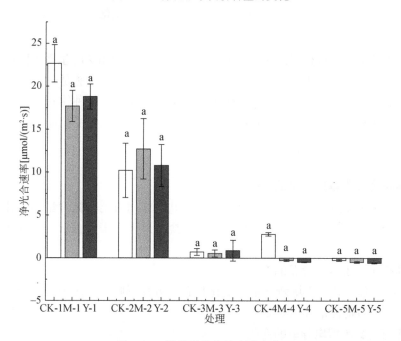

图 6-26 棉花净光合速率的变化

盐浓度<0.2%：不接种真菌时，随着盐浓度的升高，c_i 呈现增加趋势，但净光合速率并未提高（图6-27），这可能是棉花以提高气孔导度和蒸腾速率的方式来抵抗盐胁迫；接种丛枝菌根真菌后，c_i 呈现下降趋势，说明此时棉花可能是以减少蒸腾速率的方式来抵

御盐胁迫。

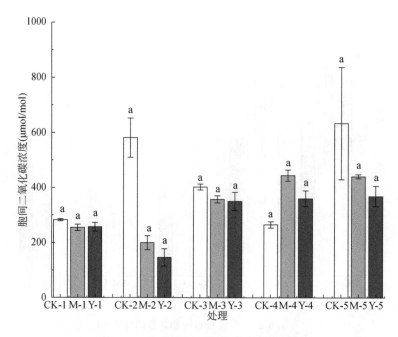

图 6-27　棉花胞间二氧化碳浓度的变化

盐浓度>0.2%；不接种真菌时，C_i 在盐浓度为 0.2%~0.6% 时呈现下降趋势，但差异不显著，反而在盐浓度为 0.8% 时显著增加（图 6-27），此时可能是由高盐胁迫破坏了棉花叶片光合作用细胞结构导致。接种丛枝菌根真菌后，尤其是接种幼套球囊霉后，C_i 值趋于稳定，此时可能是接种丛枝菌根真菌能够保护叶片细胞结构免受高盐胁迫的毒害。

6.2.3.3　棉花生长对土壤性质的影响

（1）棉花生长土壤氮含量的变化

盐浓度、不同种菌处理方式以及真菌与盐的共同作用对土壤氮含量的变化具有显著性影响（$P<0.05$）。接种摩西球囊霉能够显著提高盐胁迫下土壤氮含量，改善土壤营养状况（图 6-28）。

（2）棉花生长土壤磷含量的变化

不同种菌处理方式对土壤磷含量的变化具有显著性影响（$P<0.05$）。接种摩西球囊霉能够显著提高土壤磷含量（图 6-29）。

（3）棉花生长土壤电导率的变化

盐浓度、不同种菌处理方式以及真菌与盐的共同作用对土壤电导率的变化具有显著性影响（$P<0.05$）。随着盐浓度的增加，土壤电导率呈增加趋势。当盐浓度为 0.4% 时，Y 组土壤电导率要显著高于 CK 组和 M 组；当盐浓度为 0.6% 时，M 组和 Y 组土壤电导率要显著高于 CK 组（图 6-30）。接种丛枝菌根真菌后，棉花生长土壤的电导率增加，棉花吸水困难，且棉花根系可溶性糖含量并未增加，但棉花生物量却有所提高，这可能是接种丛

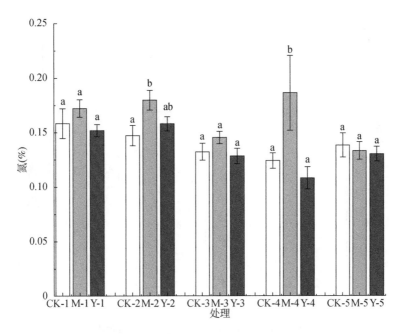

图 6-28　棉花生长土壤氮含量的变化

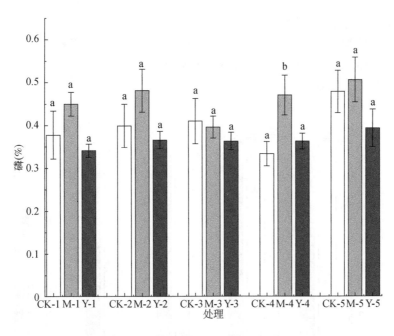

图 6-29　棉花生长土壤磷含量的变化

枝菌根真菌后产生菌根效应，棉花通过菌根吸收水分来抵御高盐胁迫，且幼套球囊霉能够先于摩西球囊霉对土壤环境做出响应。

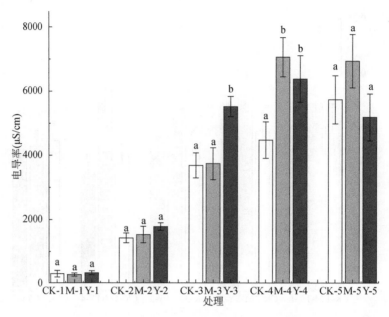

图 6-30　棉花生长土壤电导率的影响变化

（4）棉花生长土壤 pH 的变化

盐浓度和真菌与盐的共同作用对土壤 pH 的变化具有显著性影响（$P<0.05$）。随着盐浓度不断升高，CK 组的土壤 pH 呈现出先升高后降低的趋势，M 组和 Y 组的土壤 pH 呈现出持续降低的趋势（图 6-31）。

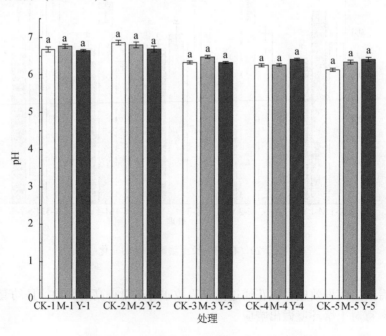

图 6-31　棉花生长土壤 pH 的变化

6.3 芦苇有机肥对盐碱地的改良作用

为检验芦苇秸秆有机肥对盐碱地的改良作用，在山东黄河三角洲国家级自然保护区项目示范样地内进行施肥实验（图6-32）。选取潮间带盐地碱蓬群落作为研究对象，在该群落内选取 15 个 3m×3m 的样方，每个样方之间的距离大于 10m，其中 3 个为空白对照组，其余的样方中随机添加芦苇牛粪肥料、芦苇蘑菇渣肥料、芦苇鸡粪肥料、芦苇猪粪肥料四种有机肥（12.5kg），每个处理重复 3 次。

图 6-32 修复示范实验过程

2021 年 6 月获取示范样地 0～10cm 土层的土壤样品，每个样地 3 个重复，测定土壤含水量、pH、电导率、全氮、全磷及有机质等指标（表6-11）。从施肥结果来看，施用芦苇有机肥均能够提高样地中土壤有机质含量，其中芦苇牛粪肥料、芦苇蘑菇渣肥料及芦苇猪粪肥料的效果最为明显，能够有效修复黄河三角洲盐碱地（图6-33）。

表 6-11　修复示范后土壤理化性质情况

肥料	含水量	pH	电导率	全氮（g/kg）	全磷（mg/kg）	有机质（g/kg）
CK	20.86±0.86a	8.34±0.09a	8.99±1.80a	3.77±0.99b	699.45±53.81a	7.28±1.27b
RM	22.81±1.81a	8.35±0.16a	9.30±1.06a	5.40±1.32a	786.84±179.74a	11.13±1.83a
RP	22.36±0.35a	8.38±0.05a	9.99±1.84a	5.17±0.38ab	812.31±247.27a	11.00±1.14a
RC	22.23±1.81a	8.18±0.28a	10.14±0.69a	5.17±0.38ab	776.81±134.60a	11.93±2.25a
RF	21.87±0.61a	8.38±0.02a	10.12±3.53a	4.93±0.83ab	692.48±141.12a	9.84±1.24ab

(a)施肥前样地　　　　　　　　　　(b)对照

(c)芦苇蘑菇渣肥料　　　　　　　　(d)芦苇牛粪肥料

(e)芦苇猪粪肥料　　　　　　　　　(f)芦苇鸡粪肥料

图 6-33　修复示范实验样地情况

6.4　小　　结

利用黄河口特色植物和微生物制备肥料的研究表明：

1）嗜热微生物在芦苇堆肥过程中发挥了重要作用。各堆垛均在第一天就进入高温期，并且高温期保持时长超过 1 个月，这能够有效杀灭虫卵和草籽，满足《粪便无害化卫生要求》（GB 7959—2012）要求的高温期（>50℃的）超过 5 天。堆垛含水量随着时间延长出现了明显降低的趋势，在堆肥初期样品的含水量为 60% 左右，在第 35 天时，芦苇牛粪堆垛和芦苇猪粪堆垛下降到了 40% 左右，而芦苇蘑菇渣堆垛和芦苇鸡粪堆垛维持在 60% 左右。堆肥过程中堆垛的 pH 整体呈碱性，主要是因为好氧微生物对底物进行降解产生 NH_3 所致，同时由于微生物对底物的降解产生更多的可溶性离子，堆肥过程中 EC 有所上升。基于网络分析构建了微生物的共现网络，结果发现，随堆肥底物易利用物质的增多，微生物共现网络表现出更复杂的特性（更多的节点和边），微生物通过正向的协同作用参与堆肥过程中物质的降解。在维持微生物网络结构稳定方面，稀有种发挥了关键的作用。

2）细菌群落的演替是堆肥过程中 ARGs 去除的主要原因。探究了底物不同 C/N（不同比例的牛粪与芦苇秸秆）对细菌和真菌群落结构及其之间相互作用的影响，揭示了细菌群落和真菌群落的结构与多样性的响应特征。基于冗余分析，结果发现，温度和温度是影响细菌群落与真菌群落的关键因素。荧光定量 PCR 结果表明，堆肥过程能有效去除 ARGs，但是 MGEs 的去除受到堆肥处理的影响。基于网络分析构建了细菌群落与 ARGs 和 MGEs 的相关性网络，探讨了 ARGs 和 MGEs 潜在的宿主，分析了 ARGs 通过水平转移进行传播的可能性。基于路径分析，揭示了堆肥过程中 ARGs 的去除机制，发现细菌群落的演替是 ARGs 主要的去除机制，真菌群落主要通过影响细菌群落间接改变 ARGs，而这种间接影响也受到堆肥处理的影响。

3）幼套球囊霉菌和摩西球囊霉两种真菌可促进植物生长，具有作为微生物肥料的潜力。细菌对于种子萌发有抑制作用，不适用于制作微生物肥料。接种丛枝菌根真菌能够提高棉花生物量，其中幼套球囊霉能够有效提高棉花的株高，摩西球囊霉能够有效促进棉花基径的增加。当盐浓度低于 0.2% 时，接种幼套球囊霉能够促进棉花根系分泌更多可溶性糖以提高棉花吸水能力，促进棉花的生长和发育。当盐浓度高于 0.2% 时，接种丛枝菌根真菌能够促使棉花通过菌根效应提高吸水能力，促进棉花的生长和发育，其中幼套球囊霉优于摩西球囊霉，能够率先对不利土壤环境作出响应。接种摩西球囊霉能够提高棉花生长土壤的氮、磷含量，改善土壤营养状况。

第7章 黄河河口湿地贝类资源利用

7.1 贝壳渔礁利用

7.1.1 贝壳渔礁的产业背景

7.1.1.1 人工渔礁

随着近海海洋渔业资源的捕捞强度不断增大，鱼类的种群结构和生存环境遭到严重破坏，致使近海生物种类和数量急剧下滑。世界上许多沿海国家和地区开始利用投放人工渔礁来改善近海海域环境，以恢复海域的海洋生物种类和数量。

人工渔礁是修复海洋生态环境的重要手段之一，其主要作用是为海洋生物提供栖息、繁殖、避难和生活场所。投放人工渔礁不仅对增殖渔业资源和保护海洋生物多样性以及维持渔业资源可持续发展有很重要的积极作用，而且礁体的附着生物对海水水质环境的改善有一定的促进作用。在礁体设计上以增加表面积、良好的通透性和良好的稳固性为设计基础，然后根据当地地质、海流和增殖生物种类等具体情况设计出不同形状的礁体。在礁体设计方面以正六面体、圆柱和三角形为基础形状进行改进设计的居多，还有一些非常规礁体形状，如米形、锥形和船形等。

7.1.1.2 国内人工渔礁发展现状

在我国的历史记载中，人工渔礁的历史可以追溯到 2000 年以前的文字记载，以及 1700 多年前郭璞在《尔雅》的注释，但是我国真正意义上的人工渔礁建设是从 20 世纪 70 年代中期开始的。我国投放人工渔礁相对较早的省份是台湾省，在 1975 年台湾省投资了 13 亿台币进行人工渔礁建设。70 年代末先后在广西、山东和广东等沿海省份开始进行人工渔礁试验。到 1987 年底，经过 9 年的时间，我国的 14 个沿海省份（或地区）中有 8 省（或地区）开展了人工渔礁建设。截至 20 世纪末，我国投放各种形式的人工渔礁超过 28 000 个，将近 10 万 $m^3 \cdot$ 空，投放废旧船只 49 艘作为人工渔礁。根据相关资料，截至 2016 年底我国在人工渔礁建设资金投入已超过 55.8 亿元，建设人工渔礁区 200 多个，人工渔礁海域面积超过 852.6km^2，投放人工渔礁量超过 6000 万 $m^3 \cdot$ 空。

7.1.1.3 贝壳渔礁

人工渔礁种类繁多，有资料显示，人工渔礁的制作材料超过 249 种，可分为天然材料、混凝土材料、钢质材料和其他材料四大类。早期轮胎、汽车、船体等废弃物被用作人工渔礁的材料，但处理不当可能会对海水环境造成污染。而天然材料与海水有较好的生物亲和性，且对环境友好，不产生环境污染，对生态影响较小。贝壳渔礁就是一种新型的天然材料人工渔礁，是将废弃贝壳固装制成礁体，投放入海作为人工渔礁。贝壳来源广，易获得，表面结构复杂，粗糙度高，能为附着生物提供良好附着基。贝壳渔礁作为人工渔礁投入建设和使用，能够降低人工渔礁建设成本，促进生态渔业和生态旅游的发展，满足保护海洋环境和可持续发展的需求。

随着我国海洋与渔业经济的迅猛发展，我国贝类产品产量逐年攀升。我国1900~2010年累计贝类产量15 992.9万t。如果贝壳部分按照60%计算，则废弃贝壳累计总量分别为9595.74万t和29 471.64万t。我国目前对于贝类的利用仅仅局限于可食用部分，对于占贝类质量60%以上的贝壳部分却很少加工利用。随着我国贝类养殖和加工业的快速发展，产生的废弃贝壳未得到充分利用而被堆放。废弃贝壳的大量堆放导致近岸海域污染加剧、生态环境恶化，现已成为沿海地区亟待解决的环境问题，且逐年堆积所造成的环境污染越来越严重，已成为环境一大公害。

因此，利用贝壳建设人工渔礁，不仅可以解决因贝壳堆积造成的占地和环境污染问题，还可以为海洋生态修复和渔业资源养护开创新途径。同时贝类壳体的形成是钙化作用的结果，贝类通过钙化作用可以将海水中的碳酸氢根转换成碳酸钙贝壳，从而能固定大量的碳。研究表明，长江口人工牡蛎礁通过牡蛎的钙化过程，单位面积年固碳量为 $2.70kg/m^2$，年平均固碳量达3.33万t。2009~2013年山东莱州湾金城海域 $64.25hm^2$ 海洋牧场圆管形礁体上附着的牡蛎总固碳量约为297.5t。将贝壳作为人工渔礁混凝土的原料，不仅对废弃物资源利用具有重要生态意义，而且对发展海洋蓝碳具有重要的战略意义。

7.1.1.4 贝壳渔礁的局限性和未来发展展望

制作渔礁的贝壳需经清洗后才能作为制作人工渔礁的材料，此间清洗产生的废水必须经过一定的处理，但全国范围内缺乏规模化的贝壳资源集散地和回收加工渠道。我国沿海贝类产地牡蛎壳、贻贝壳、扇贝壳等堆积如山，无法处理也运不出去，增加了渔礁的生产成本。贝壳渔礁与传统的混凝土材料相比，耐久性、可塑性较低。中国的贝壳礁无论是建设还是研究均处于起步阶段，科技支撑力量不足，科研投入少。在贝壳礁的选材处理、礁型设计制作、礁区布局投放、海洋环境调控功能、生物附着效果、渔业资源增殖效果、贝壳礁建设与天然牡蛎礁生态修复结合、休闲渔业开发等方面，仍需要进一步加大投入，加强研究。

目前，贝壳礁建设主要使用扇贝壳和牡蛎壳，仅利用中国2012年养殖牡蛎和扇贝废弃贝壳，就可构建单体贝壳礁338.9万个，可清理陆地废弃贝壳堆积面积803.1km²，或者可减少陆地废弃贝壳填埋体积8.031亿m³。由此可见，利用废弃贝壳建设贝壳礁，无论是在解决陆地大量废弃贝壳堆积填埋占地和废弃贝壳老化分解污染环境等问题方面，还是在变废为宝形成海洋生态系统服务价值方面，作用都是巨大的。利用贝壳制作人工渔礁，这个产业还有很大的潜力可以挖掘。

7.1.2 材料与方法

7.1.2.1 贝壳渔礁设计与稳定性分析

黄河河口海域地质、水文特征决定了投放当地的贝壳渔礁的构建原则：底座面积大，减少沉陷；有一定的高度，降低泥沙沉积影响；有一定的重量，重心低，水流阻滞力小，以免被潮流打翻。初步确定两种礁体几何形状，即圆柱形和圆锥形，立体结构为层叠型，安置方式为礁体底部接触沉积物底质式，贝壳固置措施为网笼固定，贝壳拟选用太平洋牡蛎和四角蛤蜊。

根据设计参数构建了圆柱形和圆锥形贝壳礁。第一阶段试制 2 个圆柱形贝壳礁，1 个圆锥形贝壳礁 1 个。

（1）圆柱形贝壳礁

基座为实心水泥预制板，直径 2m；框架由 8 根直径 12mm 螺纹钢组成，高 2m，上顶面直径 8mm 螺纹钢做成直径 2m 的圆形接于框架顶部；外周覆以铁丝网，铁丝规格为 14#；柱体分 3 层，每层高 66.7cm，在高度 66.7cm 和 133.4cm 处以同样规格的铁丝网隔开；贝壳以圆柱状聚乙烯网笼固定，网笼直径 40cm，高 66cm；每层网笼分内外两层安置，内层 4 个，外层 8 个，用尼龙绳固定于隔层铁丝网上（图 7-1）。

图 7-1　圆柱形贝壳礁结构

（2）圆锥形贝壳礁

基座为实心水泥预制板，直径 2m；圆锥体框架由 8 根直径 12mm 螺纹钢组成，高 2.83m，顶端聚合焊接；外周覆以铁丝网，铁丝规格为 14#；锥体分为 3 层，每层高 66.7cm，高度 66.7cm 和 133.4cm 处以同样规格的铁丝网隔开；贝壳以圆柱状聚乙烯网笼固定，网笼直径 40cm，高 66cm；底层网笼分内外两层安置，内层 4 个，外层 8 个，用尼龙绳固定于隔层铁丝网上；中层网笼 4 个，单层安置，最上层安置 1 个网笼（图 7-2）。

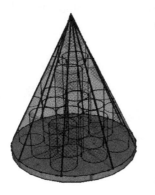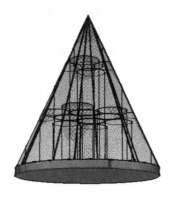

图 7-2 圆锥形贝壳礁结构（螺纹钢框架）

（3）贝壳渔礁制作工艺改进

第一阶段贝壳渔礁试制过程中发现原设计存在以下问题：①框架 12mm 螺纹钢结构不稳，框架易晃动松散；②框架焊接点暴露在外，易被海水腐蚀；③圆柱体重心不稳，易受浪倒翻。

为保证渔礁的完整性和稳定性，改进圆锥形贝壳渔礁的设计参数。改进后的圆锥形贝壳礁基座为实心水泥板，直径 2m；圆锥体框架由 6 根 25cm×3m 规格角钢组成，高 2.83m，顶端聚合焊接，下端与水泥板钢框架焊接，焊点浇注于水泥板内；外周覆以铁丝网，铁丝规格为 14#；锥体分为 3 层，每层高 66.7cm，高度 66.7cm 和 133.4cm 处以同样规格的铁丝网隔开；贝壳以圆柱状聚乙烯网笼固定，网笼直径 40cm，高 66cm；底层网笼分内外两层安置，内层 4 个，外层 8 个，用尼龙绳固定于隔层铁丝网上；中层网笼 4 个，单层安置，最上层安置 1 个网笼（图 7-3）。这种锥体贝壳渔礁设计重心低，易于保持稳定，网笼填塞贝壳的结构有利于生物附着，同时内部能形成较大空间。

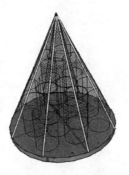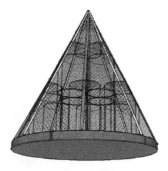

图 7-3 圆锥形贝壳礁结构（角钢框架）

近岸海域潮流流速较高，对贝壳渔礁形成较大的推力，可能使渔礁产生移动乃至倒覆，因此需要计算渔礁最大静摩擦力和潮流平移推力。当渔礁最大静摩擦力大于潮流平移推力时，渔礁可在海底保持稳定不滑移。应用 SOLIDWORKS 软件，建立贝壳渔礁三维实体模型，使用 Flow Simulation 模块进行流体环境受力分析。取水深深度为 5m 和 10m 来模拟渔礁所处的海洋环境，流动参数设置 X 方向 0.5m/s 和 0.9m/s 模拟水体流动，构建全局网格，设置相应目标值，通过迭代计算得出平移推力。

渔礁在海底的最大静摩擦力按式（7-1）计算：

$$F_{\max}=\mu_{\text{静}}F_{\text{N}} \tag{7-1}$$

式中，$F_{\max}$ 为最大静摩擦力；$\mu_{\text{静}}$ 为静摩擦系数；F_{N} 为正压力。莱州湾和南麂列岛沉积物主要为粉砂黏土，根据刘建等（2012）研究结果，最大静摩擦系数取值 0.89。正压力为渔礁重力与浮力之差，即 $F_{\text{N}}=G-F_{\text{浮}}$，渔礁重量为 2400kg。

贝壳渔礁在海水中浮力按式（7-2）和式（7-3）计算：

$$F_{\text{浮}}=\rho gV \tag{7-2}$$

$$V=(1/3)\pi r^2 h_1+\pi r^2 h_2 \tag{7-3}$$

式中，V 为渔礁体积；海水密度 ρ 为 1.025kg/L；g 为 9.8N/kg；r 为渔礁半径；h_1 和 h_2 分别为渔礁圆锥体部分和基座圆柱体部分的高度。

7.1.2.2 人工渔礁试制与投放效果评估

按照设计方案进行贝壳渔礁试制，2019 年 9 月在南麂列岛海域投放 2 个渔礁单体（图 7-4），并于 2021 年 1 月进行贝壳渔礁投放效果评估（图 7-5）。渔礁投放点 1 水深 15m，投放点 2 水深 12m。南麂列岛海域冬季水下透明度低，无法直接采用潜水评估方式，因此采用打捞渔礁，取样方调查渔礁附着底栖生物的方式进行评估（图 7-5）。随机取 3 个网笼，洗下网笼及贝壳上所有底栖生物，并刮取水泥基座上所有底栖动物进行鉴定、计数和称重。每个网笼分 10 层，半径 0.18m，总面积约为 1.0m²；水泥基座上表面及侧面总面积约 3.8m²。

渔礁投放现场

图 7-4 贝壳渔礁投放

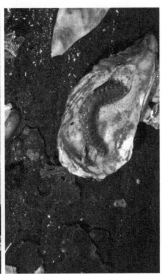

(a)潜水打捞　　　　　　　(b)渔礁起吊　　　　　(c)渔礁上附着的多毛类动物

图7-5　贝壳渔礁投放效果评估

渔礁附着生物群落多样性指数按式（7-4）～式（7-6）计算。

Shannon 多样性指数（H'）计算公式：

$$H' = -\sum_{i=1}^{s} P_i \ln P_i \qquad (7\text{-}4)$$

式中，P_i 是第 i 种生物占总个体数的比例；S 为生物总种数。

Margalef 指数（d）计算公式：

$$d = (S-1)/\log_2 N \ \text{或} \ d = (S-1)/\log_2 G \qquad (7\text{-}5)$$

式中，N 为附着生物丰度；G 为总生物量；S 为生物总种数。

Pielous 指数（J'）计算公式：

$$J' = H'/\log_2 S \qquad (7\text{-}6)$$

式中，H' 为生物多样性指数；S 为生物总种数。

7.1.3　结果与分析

7.1.3.1　渔礁稳定性分析

使用 SOLIDWORKS 软件计算潮流平移推力时，首先构建流体计算域，即渔礁所处的流体环节，用横向宽幅 14m，纵深 8m，水深深度设置为 5m 和 10m 来模拟渔礁所处的海洋环境（图7-6）。

其次设置流体子域，即所要分析对象的表面选择、流体性质及流体运动参数设置（图7-7）。分析对象选择渔礁的基座、斜拉钢筋体、聚乙烯网笼实体，流体性质为海水。

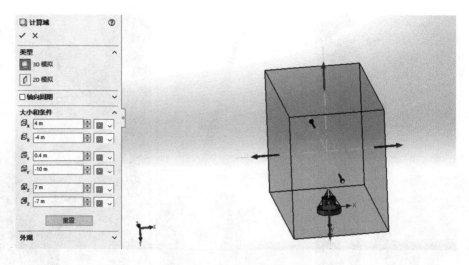

图 7-6　构建渔礁三维实体模型

由于莱州湾和南麂列岛海域潮流最大流速都是 0.5m/s，黄河口海域最大流速为 0.9m/s（高佳等，2010；许建平和杨士英，1992），流动参数设置 X 方向 0.5m 和 0.9m 模拟水体流动。

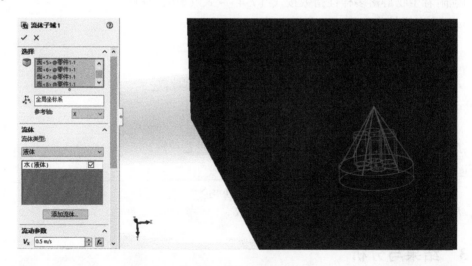

图 7-7　流体子域设置

再次使用软件自动构建功能，构建全局网格（图 7-8）。

然后设置目标值，进行迭代计算，最后得出相应条件下潮流的平移推力（图 7-9 和图 7-10）。

通过模型模拟，得出渔礁在海底的平移推力，见表 7-1。

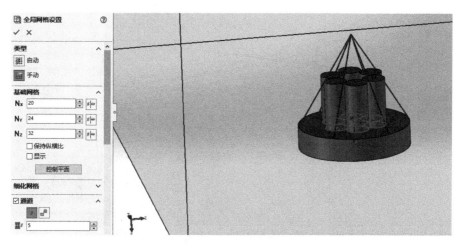

图 7-8　全局网格构建

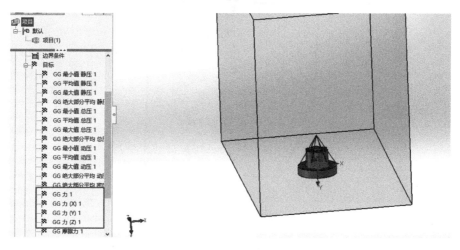

图 7-9　迭代计算

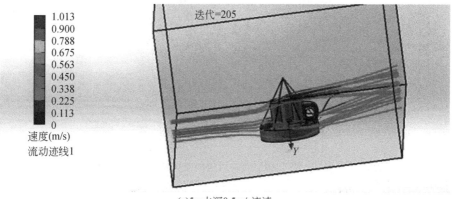

(a)5m水深0.5m/s流速

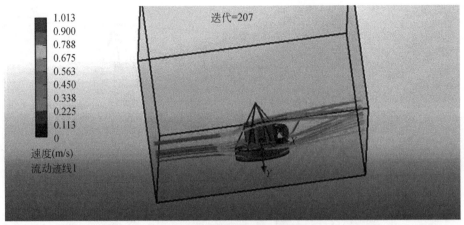

(b)5m水深0.9m/s流速

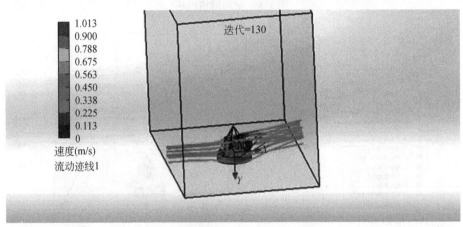

(c)10m水深0.5m/s流速

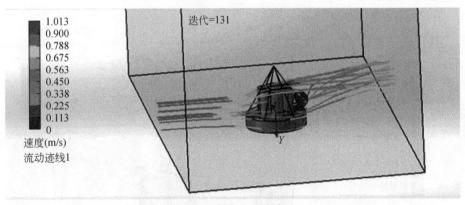

(d)10m水深0.9m/s流速

图 7-10 渔礁周边的流场迹线

表 7-1　各种模拟条件下渔礁平移推力计算结果　　　　　（单位：N）

序号	模拟条件	F_X	$F_{X\min}$	$F_{X\max}$
A	5m 水深，0.5m/s 流速	153.4	153.3	153.5
B	5m 水深，0.9m/s 流速	496.1	495.8	496.3
C	10m 水深，0.5m/s 流速	184.6	184.4	184.8
D	10m 水深，0.9m/s 流速	596.9	596.3	597.4

注：F_X 为平均平移推力，$F_{X\min}$ 为最小平移推力，$F_{X\max}$ 为最大平移推力。

根据公式计算，得出最大静摩擦力为 19 401.0N（表 7-2）。

表 7-2　渔礁最大静摩擦力计算结果

渔礁体积（m³）	浮力（N）	正压力（N）	静摩擦系数	最大静摩擦力（N）
1.72	1721.2	21 798.9	0.89	19 401.0

根据渔礁平移推力模拟计算，各种情形下以 10m 水深，0.9m/s 流速的平移推力最大，其 $F_{X\max}$ 为 597.4N，而渔礁的最大静摩擦力达 19 401.0N，远大于平移推力，所以渔礁在海底可保持稳定不滑移。

7.1.3.2　渔礁制作与效果评估

按设计方案制作贝壳渔礁，礁体制作包括如下流程（图 7-11）。

1）场地选择：选择便于装车运输的平坦场地。

2）模板钢筋加工：按照设计方案，搭建模板和钢筋框架。

3）浇筑：按照混凝土配合比配置混凝土并浇筑渔礁基座。

4）养护：浇筑完毕后用帆布覆盖，结硬后保湿养护 2 周。

5）贝壳填充：绑缚聚乙烯网笼并向笼中填充太平洋牡蛎贝壳。

图 7-11　贝壳渔礁制作过程

制作完成的圆锥形贝壳礁基座为实心水泥墩,直径 1.52m,高 0.42m;圆锥体框架由 6 根 18#螺纹钢组成,高 1.58m,顶端聚合焊接,下端与水泥板钢框架焊接,焊点浇注于水泥板内;太平洋牡蛎贝壳填充于圆柱状聚乙烯网笼内,用尼龙绳固定于渔礁基座预留的挂钩上。每个渔礁材料包含 18#钢筋 60kg,16#钢筋 90kg,12#钢筋 160kg,22#铁丝 3kg,水泥 400kg,沙 800kg,石子 750kg,聚乙烯网笼 6 个,太平洋牡蛎 35kg。

试制 2 个贝壳渔礁单体于 2019 年 9 月投放于南麂列岛海域,于 2021 年 1 月雇佣潜水员进行投放效果评估。渔礁在海底保持稳定,基本无位移,无倾覆,无明显腐蚀损坏,沉陷不明显,基座陷入沉积物 2～3cm。冬季风浪造成海水浑浊,海底基本无光线,潜水灯打光距离小于 0.5m,不能支持原位采样评估,故采用打捞吊起渔礁带回岸上取样评估。在打捞渔礁过程中由于风浪较大,出于安全,将渔礁悬吊海水中拖回码头内再起吊,拖行过程中可能造成一定的附着生物损失。

通过取样鉴定分析,共获得附着生物 27 种,其中软体动物双壳类物种多样性最丰富,共 11 种,其次为节肢动物门甲壳类,共 9 种。渔礁网笼贝壳附着生物共 24 种,平均丰度为 96.7inds/m²,生物量为 53.74g/m²(表 7-3),Shannon 多样性指数为 2.86,Margalef 指数为 5.03,Pielous 指数为 0.62。渔礁基座附着生物共有 7 种,平均丰度为 7.2inds/m²,生物量为 6.52g/m²(表 7-4),Shannon 多样性指数为 2.04,Margalef 指数为 3.04,Pielous 指数为 0.73。渔礁附着生物优势物种为锯额豆瓷蟹和粒蝌蚪螺。

表 7-3 贝壳渔礁网笼贝壳附着生物种类、丰度及生物量

物种	丰度(inds/m²)	生物量(g/m²)
多室草苔虫	1.0	2.80
梯斑海毛虫	1.7	5.47
锯额豆瓷蟹	49.0	5.19
装饰拟豆瓷蟹	3.0	0.26
中华豆蟹	0.3	0.09
紫毛刺蟹	0.7	1.30
特异大权蟹	0.3	0.43
变态蟳	0.3	1.09
库氏寄居蟹	1.3	0.07
双凹鼓虾	2.0	1.86
泥污双齿蝉虾	0.3	0.39
丽小笔螺	4.7	0.65
粒蝌蚪螺	12.0	15.45
甲虫螺	3.0	3.77
爪哇荔枝螺	3.3	2.53
中国不等蛤	4.7	2.67
中国珍珠贝	0.3	0.74
栉孔扇贝	0.7	1.73

物种	丰度（inds/m²）	生物量（g/m²）
豆形凯利蛤	0.7	0.10
带偏顶蛤	2.3	0.80
褐蚶	1.7	0.35
双纹须蚶	2.7	1.36
密鳞牡蛎	0.3	4.57
吉村马特海笋	0.3	0.07
合计	96.7	53.74

表7-4　贝壳渔礁基座表面附着生物种类、丰度及生物量

物种	丰度（inds/m²）	生物量（g/m²）
多室草苔虫	0.3	0.94
锯额豆瓷蟹	3.9	0.55
粒蝌蚪螺	0.8	0.76
爪哇荔枝螺	0.3	0.22
翡翠贻贝	1.3	2.89
厚壳贻贝	0.3	0.28
褐菖鲉	0.3	0.88
合计	7.2	6.52

根据2013～2014年俞存根等（2018）的本底调查研究，南麂列岛海域秋冬季大型底栖动物平均丰度为95.0inds/m²，生物量为54.05g/m²，渔礁投放点邻近站位物种数为7～13种。本次渔礁评估中网笼贝壳附着生物物种数远超俞存根等（2018）的结果，丰度和生物量与之相近，但考虑渔礁拖回码头过程中附着生物的损失，网笼贝壳附着生物丰度和生物量应高于俞存根等（2018）本底调查的结果。因此，从渔礁附着生物的物种数、丰度和生物量判断，贝壳渔礁提供了适宜的海洋生物栖息场所，也给鱼类提供了良好的索饵场所。

7.1.4　小结

本研究设计了圆锥形贝壳渔礁，以钢筋混凝土构件为基座，钢筋为结构框架，中间为聚乙烯网笼，网笼内填塞贝壳。为确定渔礁能否在海底保持稳定，应用 SOLIDWORKS 软件分析渔礁在流体环境的受力情况，分别模拟了水深深度为5m 和10m，潮流速度为0.5m/s 和0.9m/s 的情形，通过迭代计算得出平移推力。各种模拟情形下以10m 水深，0.9m/s 流速的平移推力最大，其 $F_X$max 为597.4N。通过计算，渔礁的最大静摩擦力为19 401.0N，远大于模拟得出的潮流最大平移推力597.4N，因此渔礁在海底可保持稳定不

滑移。

按设计方案制作了贝壳渔礁，圆锥形贝壳礁基座为实心水泥墩，直径1.52m，高0.42m；圆锥体框架高1.58m，顶端聚合焊接；太平洋牡蛎贝壳填充于圆柱状聚乙烯网笼内，渔礁重量约2400kg。2019年9月在南麂列岛海域投放2个渔礁单体，2021年1月进行贝壳渔礁投放效果评估。潜水观测显示，渔礁在海底保持稳定，基本无位移，无倾覆，无明显腐蚀损坏，沉陷不明显。通过取样鉴定分析，渔礁网笼贝壳附着生物共24种，平均丰度为96.7inds/m²，生物量为53.74g/m²，Shannon多样性指数为2.86，Margalef指数为5.03，Pielous指数为0.62。本次渔礁评估中网笼贝壳附着生物物种数远超南麂列岛本底调查邻近站位底栖动物物种数，丰度和生物量与本底调查秋冬季调查结果相近。从渔礁附着生物的物种数、丰度和生物量判断，贝壳渔礁提供了适宜的海洋生物栖息场所，起到了资源保育的作用。

7.2 贝雕利用

7.2.1 贝雕工艺的产业背景

7.2.1.1 历史文化背景

自然界的贝壳种类多样，色彩纹理瑰丽繁复，贝雕就是选用这些多彩的贝壳，巧用其天然色泽和纹理、形状，经剪取、车磨、抛光、堆砌、粘贴等工序精心雕琢成平贴、半浮雕、镶嵌、立体等多种形式和规格的工艺品。贝雕巧妙地将人与海结合起来，贝雕是海的绮丽与传统文化智慧的结晶，具有贝壳的自然美、雕塑的技法美和国画的格调美。自古而来记载着人与海的故事，传达着人们对美好明天向往和期待。贝壳远在五万年前山顶洞人时期，就被穿成串链作为装饰。1987年在河南濮阳西水坡发现的有关巫觋的墓葬，还发现有三组用蚌壳摆塑的动物形象。商代到秦代，贝类中的一种，被打磨穿孔后，长期当作货币使用，这就是贝币。春秋战国时期，贝壳被普遍制成项链、臂饰、腰饰等，甚至还出现了马饰、车饰。鲁国的三成将士都用红线穿贝壳作坠饰，以壮军威。秦汉时期，冶炼技术的提高和普及为贝壳的雕琢开辟了新途径。艺人们利用贝壳的色泽，将一种较平整的贝壳磨成薄片，再雕出简单的鸟兽纹图样，镶嵌在铜器、镜子、屏风和桌椅上作装饰，俗称"螺钿"，这种工艺目前不少地区仍然保留着。宋、元前后，中国民间的螺钿镶嵌和贝贴等工艺已经十分流行。品种有各种人物、动物、花卉、挂屏等陈设品，各种文具、烟具、台灯等生活用品（霍凯杰和王雪，2014）。

7.2.1.2 贝雕工艺现状

中华人民共和国成立后到20世纪七八十年代，各地贝雕工人在继承传统工艺的基础上，注意吸收牙雕、玉雕、木雕和国画等众家之长，结合螺钿镶嵌工艺特点，研究成功了浮雕形式的贝雕画和多种实用工艺品，从而揭开了贝雕工艺史崭新的一页，产品大量出口创汇，畅销国内外市场。而今天，由于贝雕制作工艺十分复杂，培养一名贝雕工人又需要很长时间，年轻人普遍对这门传统手艺失去了兴趣。贝雕的手艺逐渐失传，致使人才青黄不接，许多贝雕厂纷纷破产，老艺人纷纷改行，贝雕这项工艺也陷入低迷。

7.2.1.3 贝雕产业局限性和未来成长策略

现代的年轻人普遍对非物质文化遗产缺少了解、认识，艺术产业传承出现断链，贝雕艺术发展受到局限。我国社会经济和科技环境对民间艺术有着不可忽视的影响，创新已经成为增加其核心竞争力的重要筹码，只有把握其新的发展契机，才能让我国贝雕工艺产品的产业化发展充满勃勃生机。

贝雕工艺美术商品的产业化发展现行及未来运用的开发策略大致分为以下几方面。

(1) 资源整合、合作共赢

目前的贝雕工艺旅游基本上是各个企业单打独斗的形式，没有形成一个统一的综合的城市工业旅游品牌。要扭转这一局势，应加强对现有旅游资源的有效整合。整个产业链条从原料供应到线上、线下销售应加强合作，这样既能减少成本，也能充分利用游客等消费者资源进而扩大销量。

(2) 多渠道宣传

为了建立品牌、扩大影响，让更多的人认识、了解贝雕，吸引更多的消费者，应充分利用互联网宣传和文化传承交流来积极拓展营销渠道。

充分发挥互联网的优势，拓展宣传空间。当下，互联网社交媒体空前发达，人们可以相隔万里来分享自己的生活。同样贝雕文化也可以通过短视频平台来展示这一充满魅力的艺术。中国是世界上快递业务最为发达的地区，贝雕产业亦可以充分利用这一优势，通过在大型网络购物平台搭建线上的购买渠道，将线上网络销售和线下旅游销售结合，也可以通过和平台合作进行直播推广，让消费者对贝雕工艺品增加了解。线下引导旅客深度介入旅游活动，正视游览购物。产业游览的魅力一方面在于为旅客开眼界长常识，另一方面制造多种体验。对于贝雕工艺的旅游展示不能仅限于产品的陈列和参观，还要让游客参与其中，了解更多关于贝雕工艺的相关知识和加工工艺，同时也可以让游客参与到贝雕工艺产品的制作流程之中。加大体验者的参与度，增添体验兴趣，从而提升体验者的认知度。例如，开辟旅游商品体验专区，让体验者在工艺师的指导下亲手制作工艺品并以此作为产业之旅的纪念品，这不仅增添了个人的兴趣体验，还能起到免费宣传的作用。

积极与相关文化、教育部门合作，邀请中小学生参观贝雕工艺品展馆，或在学校开展小型贝雕工艺品展览。带领学生参与简易的贝雕工艺品的制作过程，向学生讲解贝雕工艺的历史，既能增进他们对贝雕工艺的了解，培养他们对这一非遗文化的感情，又能为培养贝雕文化传承提供新鲜的血液。

(3) 对接消费人群

根据短视频平台视频投放反馈，线上购物网店数据、线下旅游观光客互动数据的收集，充分利用大数据，划分消费者的类群，根据不同的消费者类群的不同需求，创造契合不同类群的消费者需求的作品。向消费者投放契合消费理念、审美、需求的产品才能将消费者的资源充分开发利用。

（4）加强行业人才培育

贝雕工艺产业的发展离不开青年人才的培养。要重视工艺制作相关人才的培养，也应加大力度引进人才。同时应培养专门的宣传人才对贝雕文化进行宣传，使这一传统文化更为大众熟知。培养管理方面的人才，保证各项线上、线下业务规范有序发展。

7.2.2 材料与方法

7.2.2.1 贝雕磨型工艺流程改进

（1）风机功率和风管尺寸设计

除尘工作台研发设计中最重要的一个问题是确定风机的功率和除尘风管的尺寸。通风量按式（7-7）计算：

$$L = \frac{kx}{y_1 - y_0} \tag{7-7}$$

式中，L 为通风量；x 为粉尘量；k 为系数，取值范围为 3～10，贝壳粉尘基本无毒，危害性较低，此处 k 取值为 3；y_1 为标准允许粉尘浓度，根据《工作场所有害因素职业接触限值 第 1 部分：化学有害因素》（GBZ 2.1—2019），取值为 8mg/m³；y_0 为对照空气粉尘浓度，取值为 0.06mg/m³。

风机流量按式（7-8）计算：

$$Q = \frac{L}{t} \tag{7-8}$$

式中，Q 为风机流量；L 为通风量；t 为时间。

除尘风管最大截面积按式（7-9）计算：

$$S = \frac{L}{v_{\min}} \tag{7-9}$$

式中，S 为最大截面积；L 为通风量；$v_{\min}$ 为最小风速；t 为时间。除尘工作台设计风管为水平风管，根据全国勘察设计注册工程师公用设备专业管理委员会的资料，除尘风管最小风速 $v_{\min}$ 应为 16m/s。

除尘风管最大直径公式为

$$D = \frac{2\sqrt{S}}{\pi} \tag{7-10}$$

式中，D 为风管最大直径；S 为风管最大截面积。

（2）贝雕磨型除尘工作台除尘效果评估

按照设计方案制作贝雕磨型除尘工作台，需要评估它是否能达到车间除尘及环境排放要求。根据强制性国家职业卫生标准《工作场所有害因素职业接触限值 第 1 部分：化学有害因素》（GBZ 2.1—2019），贝雕车间内总粉尘容许浓度为 8mg/m³。根据《大气污染物综合排放标准》，车间出风口颗粒物最高允许排放浓度为 150mg/m³。设计监测方案如下：

布设监测点位如图 7-12 所示，点位 1、2 为环境背景点位，点位 1 为上风向环境背景点位，点位 2 为下风向环境背景点位，点位 3 为装裱中央，点位 4~6 为贝壳打磨工位处，点位 7 为粉尘经处理后的出风口。

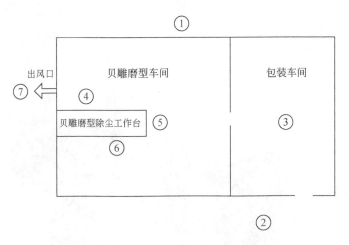

图 7-12　粉尘监测点分布

在车间开工 5h 后，在点位 1、2 处使用 YSRDAQ-P 便携式 TSP 设备测定 $PM_{2.5}$、PM_{10}、总悬浮颗粒物（TSP）的环境背景值。开工状态下，在点位 3~6 处使用 YSRDAQ-P 便携式 TSP 设备测定 $PM_{2.5}$、PM_{10}、TSP 的浓度，使用便携式粉尘采样器 FDS-30 测定点位 7 处 TSP 浓度（图 7-13）。关闭贝雕磨型除尘工作台风机，在正常生产状态下，使用便携式粉尘采样器 FDS-30 测定点位 4、7 处 TSP 的浓度（图 7-14）。

图 7-13　使用 YSRDAQ-P 便携式 TSP 设备测定车间内粉尘浓度

图7-14 使用便携式粉尘采样器 FDS-30 监测点位 4、7 处 TSP 的浓度

经14h 停工后，在点位 1、2 处使用 YSRDAQ-P 便携式 TSP 设备分别测定自然环境背景中的 $PM_{2.5}$、PM_{10}、TSP 等的浓度，在点位 3~6 处测对照状态粉尘浓度。使用 YSRDAQ-P 便携式 TSP 设备时，每更换一个测试区域，在下一个点位处需稳定 3min 后，等仪器数值稳定再读取数值。使用便携式粉尘采样器 FDS-30 时，严格按照《工作场所空气中粉尘测定 第 1 部分：总粉尘浓度》（GBZ/T 192.1—2007）进行操作，滤膜在使用前应干燥 2h 以上，滤膜毛面应朝进气方向，且保持平整放置，不能有裂隙或者褶皱。采样过程保证 15min 采样时间。采样后，将滤膜的接尘面朝里对折两次并放置于清洁容器内，携带和运输过程中防止粉尘脱落或者二次污染。

7.2.2.2 贝雕工艺产品安全性检测

贝雕工艺品作为产品必须保证在人体接触或室内摆放装饰中不会对人体健康存在潜在危害，因此需要对贝雕产品的安全性进行检测。贝雕工艺品安全性检测的是主要材料贝壳、画布等是否存在重金属迁移，即包括铅、镉、铬、汞、砷、锑、钡、硒 8 种重金属溶出性检测，以及画布材料是否有甲醛释放。我国未制定针对贝雕工艺品性能要求的相关标准，本研究中贝雕工艺品重金属迁移检测依据《玩具安全 第 4 部分：特定元素的迁移》（GB 6675.4—2014），用电感耦合等离子体发射光谱仪测定重金属含量，重金属迁移最大限量按《玩具安全 第 4 部分：特定元素的迁移》（GB 6675.4—2014）的限量要求（表7-5）。画布中甲醛含量检测依据《纺织品 定量化学分析 第 1 部分：试验通则》（GB/T 2910.1—2009），用紫外可见分光光度计测定甲醛含量，甲醛含量限定值参考《国家纺织产品基本安全技术规范》（GB 18401—2010），室内装饰类纺织品为 300mg/kg。

表 7-5　玩具材料中可迁移元素的最大限量要求

玩具材料	元素 （mg/kg 玩具材料）							
	铅	镉	铬	汞	砷	锑	钡	硒
其他玩具材料（除造型黏土和指画颜料）	60	25	1000	75	60	90	60	500

7.2.3　结果与分析

7.2.3.1　贝雕产品生产工艺流程

贝雕产品生产工艺流程主要包括产品设计、产品生产和质检环节（图7-15）。

（1）产品设计

构图：把计划创作的贝雕作品主题用草图形式构出大致轮廓。

白描：把经确认的构图画面用线条图描出细节图并 1∶1 放样。

选料：根据白描图和要表达的设计主题挑选合适的贝壳原材料。

（2）产品生产

洗料：把选购的贝壳原材料用清水清洗去除杂质和异味，并通风干燥备用。

磨型：用粗细不等的砂轮片把贝壳切割、打磨成白描图所勾画的线条和样式。

雕琢：把经磨型后的贝雕件进行精细化雕刻，以突出贝雕细节特征。

抛光：把经打磨雕琢的贝雕件进行表面研磨和抛光处理。

堆叠：用环保型黏性材料把经抛光后的贝雕件按白描图进行初步推叠，形成半成品。

干燥：经堆叠成形的半成品放置自然风干或经干燥间风干，使黏性材料固化。

总装：把已经完全固化的贝雕件按设计白描图轮廓进行组装成形并再次干燥。

装裱：根据设计要求增加底板（底座）、内框、装饰线条和外框，把经总装后完全干燥的贝雕画装裱完成。

（3）质检

以质量标准、设计图纸和产品样板为依据，通过目测、尺量、手试三结合的方法检验，合格品由质检员加贴背板标签。

7.2.3.2　贝雕磨型除尘工作台设计

测试贝雕磨型车间长 12m，宽 7m，高 5m，总体积 420m³。根据粉尘历史监测记录，未启动除尘设备情况下，30min 内车间总粉尘平均浓度可达到约 23mg/m³，即开工 30min 车间空气中总粉尘量为 9660mg。通风量计算见式（7-11）：

$$L = \frac{kx}{y_1 - y_0} = \frac{3 \times 9660}{8 - 0.06} \approx 3649.9 \, \text{m}^3 \tag{7-11}$$

风机流量计算见式（7-12）：

$$Q = \frac{L}{t} = \frac{3649.9}{0.5} = 7299.8 \, \text{m}^3/\text{h} \tag{7-12}$$

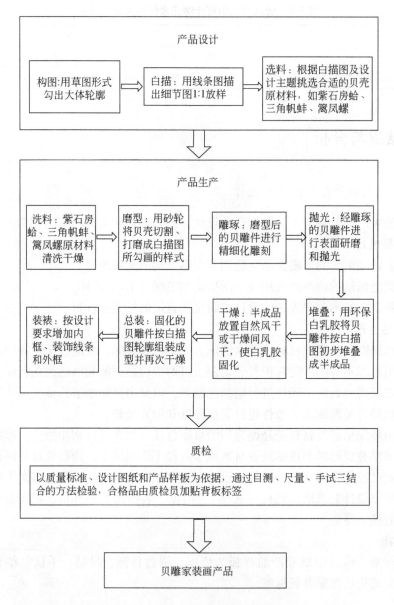

图 7-15　贝雕工艺品制作工艺流程

除尘风管最大截面积计算见式（7-13）：

$$S = \frac{L}{\dfrac{3649.9}{v_{min}}{16 \times 1800}} \tag{7-13}$$

除尘风管最大直径计算见式（7-14）：

$$D = \frac{2\sqrt{S}}{\pi} = \frac{2\sqrt{0.127}}{3.14159} \approx 0.4 \text{m} \tag{7-14}$$

本研究中风机选择 4-72 型离心风机，功率 3kW，电压 380V，转速 1420r/min，流量为 5009~12 736m³/h，计算得出的流量在此范围内，符合要求。除尘风管直径确定为 30cm，在符合设计要求的前提下，维持较大口径，防止风管因粗颗粒贝壳沉淀而堵塞。

在确定风机选型和风管直径的基础上，设计贝雕磨型除尘工作台整体结构。工作台采用半封闭设计，平台底部设负压吸风口，粉尘通过风机产生的负压经下排风口进入打磨台风腔，后经主风管进入风机。通过风机的粉尘气流，从负压转为正压气流进入密封的沉淀池，沉淀池中离管口 2cm 的水面形成水雾，粉尘与水雾混合后形成粉泥状落入水里，形成 1 级沉淀。同理，余下的粉尘通过"7"形弯管继续冲击下一级密封的沉淀池，形成粉泥状融入水里，形成 2 级、3 级、4 级沉淀。粉尘经过多级水雾融合沉淀，经净化后的气体通过半淹带孔管道排入尾箱后，通过尾箱无纺布出口排出（图 7-16 和图 7-17）。该设备的除尘方式，能有效处理打磨工序中产生的粉尘，将工作区粉尘浓度降低到国家职业卫生标准《工作场所有害因素职业接触限制 第 1 部分：化学有害因素》（GBZ 2.1—2019）限值以下，使磨型车间环境达到环保标准。

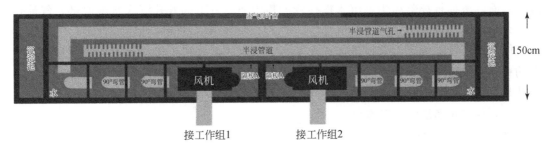

图 7-16　贝雕磨型除尘工作台工作原理示意图（俯视图）

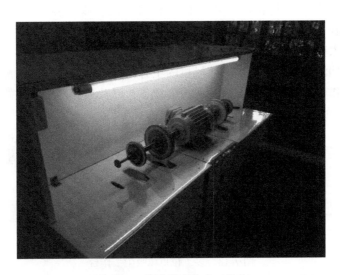

图 7-17　贝雕磨型除尘工作台

（1）变频长轴砂轮磨型电机

该设备的结构原理是利用 700～1100W 三相异步电机座和铜线圈，用合金钢材加工成带 3 个不同孔径规格定子砂轮的长轴，两端穿上轴承安装进电机，两端装上垫片、大、中、小砂轮后固定，把设备固定到台上即可使用。其优点是在不更换其他设备的情况下，完成从去贝壳角质层、造型、雕刻等形成成品的环节，能最大限度地提高效率和降低生产成本等问题。

（2）多级击水式双联粉尘过滤池

该设备的结构原理是利用 2.6kW 的风机将带粉尘气体吸入，气流改变 90°角后冲击距离风机出口的液面，液面面积为 $1m^2$，形成水雾，击起的水雾面积为 5～8m^2，空气与水表面接触后附着粉尘颗粒，水珠落回水面将粉尘带入水中，通过不停地冲击混合到水里，此为一级除尘。空气经过一级除尘后通过弯管冲击二级水池，原理同一级除尘。经过 4 级串联的除尘池后进入最后一级的水平除尘，空气通过 3m 螺线管道，螺线管道水平放于液面，1/2 淹没于水，粉尘前进时由于重力的影响渐渐往下掉落，由于在螺线管的螺线扰动气流，液面翻滚捕捉掉落粉尘，沉入螺线管的粉尘通过管下的开孔沉入水池底部。气流用过螺线管末端的蜂巢出口流出，流出气体进入一个开阔的空间降低流速。最后，过滤好的气体通过百叶窗流出。该设备优点在于多级击水式双联粉尘过滤池可以高效过滤空气中的粉尘，只要增加水池数量，理论除尘率可以接近于 100%。水不需要经常更换，只要补足蒸发量即可，相对于其他水雾除尘方式来说非常节省水资源。

（3）多工位负压吸尘工作台

该设备的结构原理是磨型设备固定于安装位，大、小吸尘孔对应磨型设备的大小砂轮。风机工作时，吸尘口产生负压，在磨型加工时，粉尘顺着砂轮旋转切线产生，直接调入孔内（图 7-18）。为了保证两个开孔拥有一样的负压，设计遵循在两个或多个吸尘口的中点设计吸风口，大 T 形管将两个 4 工位工作台相连，吸风口在两工作台连线的中心（图 7-18）。4 工位中点的内部吸风口开口朝上，大的粉尘直接掉到梯形腔体底部，不通过除尘路径，以免大粉尘堵塞管道，以及增加末端除尘的负载。梯形腔体底部有一个可开合的小门，用于定期清理掉落的粉尘。接风机的主管道有一个可关闭的检测孔，用来清理管道中的粉尘。工作台配有开关控制雕刻或打磨设备，以及独立的照明电路。优点在于多工

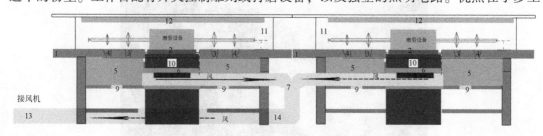

图 7-18 多工位负压吸尘工作台

1. 工作桌面，2. 设备安装位，3. 大吸尘孔，4. 小吸尘孔，5. 梯形粉尘收纳箱，6. 套管，7. 大 T 形管，8. 吸尘入口，9. 清理口，10. 电源开关，11. 灯罩，12. LED 照明灯，13. 风机接入管，14. 粉尘监测孔

位负压吸尘台只需要一台风机便可以带动 8 个需要除尘的工位，每个工位拥有相同的除尘效率，在开放空间下可以有效地吸纳粉尘，提高吸纳效率。

7.2.3.3 贝雕磨型除尘工作台除尘效果评估

根据预设的监测方案开展贝雕生产车间及周边区域空气粉尘浓度监测，$PM_{2.5}$、PM_{10}、TSP 的监测结果见表 7-6。在磨型车间开工后室外点位 1、2 处 $PM_{2.5}$、PM_{10}、TSP 浓度值甚至小于停工 14h 后室外 $PM_{2.5}$、PM_{10}、TSP 浓度值，可见室外空气中颗粒物浓度受生产过程影响较小，受周围环境因素影响较大。正常开工状态下的测定结果显示，点位 3~6 处的 $PM_{2.5}$、PM_{10}、TSP 浓度较低，且都符合国家职业卫生标准《工作场所有害因素职业接触限值 第 1 部分：化学有害因素》（GBZ 2.1—2009）。关闭除尘设备，在正常生产状态下，粉尘以肉眼可见的速度迅速在车间扩散。因粉尘过大会对工人身体健康易造成损害，在该状态下只测定了点位 4 处的颗粒物浓度。经计算，贝壳雕刻除尘设备对空气中的 $PM_{2.5}$、PM_{10}、TSP 的去除效率分别为 98.00%、98.015%、96.84%，除尘率较高，除尘效果明显。除尘设备出风口在工作状态下的 TSP 浓度为 $4.8mg/m^3$，远低于《大气污染物综合排放标准》最高允许排放浓度的 $150mg/m^3$，车间排放符合标准。整体而言，本研究研发的贝雕磨型除尘工作台完全到达了设计的要求，解决了贝雕工艺品生产过程中粉尘污染问题，为贝雕产业化发展提供了有力支持。

表 7-6 空气中粉尘浓度 （单位：$\mu g/m^3$）

采样点位		$PM_{2.5}$	PM_{10}	TSP
正常工作状态	1	4	13	38
	2	8	10	52
	3	8	10	187
	4	37	55	1 017
	5	31	46	524
	6	49	73	3 770
	7	1 165	1 774	4 800
关闭风机状态	4	1 948	2 922	56 100
	7	—	—	1 700
对照状态	1	10	16	41
	2	13	18	51
	3	41	78	92
	4	27	42	54
	5	29	64	84
	6	26	48	64

7.2.3.4 贝雕工艺产品安全性检测

本研究以北方河口典型贝壳为主要原材料，设计了 3 种不同外观设计的贝雕工艺品，包括"瓜叶菊"、"仙克莱"和"星河流转"，经过构图、白描、选料、洗料、磨型、雕琢、抛光、堆叠、干燥、总装、装裱等环节，完成产品生产，获得贝雕工艺产品（图7-19）。其中"瓜叶菊"主材为紫石房蛤、三角帆蚌和篱凤螺，"仙克莱"主材为文蛤、翡翠贻贝，"星河流转"主材为托氏蝐螺，辅材三者基本一致，包括实木画框、优质白卡纸、高密度层板、油画布、环保型白乳胶黏合剂、黑绒布边条、高透玻璃、五金配件等。

图7-19 贝雕工艺品"瓜叶菊"

按照相应的标准规范对工艺品的安全性进行检测，结果见表7-7和表7-8。工艺品中除"瓜叶菊"作品中的紫石房蛤和三角帆蚌，以及"仙克莱"作品中的画布钡元素有检出外，其余指标都未检出，且两幅作品中钡的含量都小于3mg/kg，远低于限定值60mg/kg。三个作品的甲醛释放检测结果都显示未检出。同时对贝壳原材料也进行了重金属溶出性检测，仅紫石房蛤中钡元素有检出，含量只有2.41mg/kg，其他贝类重金属都未检出。由此可见，贝雕工艺品的安全性较高，不会对人体健康造成危害，这类产品可以在市场上正常流通。

表7-7 贝雕工艺品重金属溶出性检测结果　　　　（单位：mg/kg）

工艺品	样品	铅	镉	铬	汞	砷	锑	钡	硒
"瓜叶菊"	紫石房蛤	—	—	—	—	—	—	1.36	—
	三角帆蚌	—	—	—	—	—	—	2.75	—
	篱凤螺	—	—	—	—	—	—	—	—
	画布	—	—	—	—	—	—	—	—
"仙克莱"	文蛤	—	—	—	—	—	—	—	—
	翡翠贻贝	—	—	—	—	—	—	—	—
	画布	—	—	—	—	—	—	1.18	—

续表

工艺品	样品	铅	镉	铬	汞	砷	锑	钡	硒
"星河流转"	托氏鲳螺	—	—	—	—	—	—	—	—
	画布	—	—	—	—	—	—	—	—

注：8 种重金属检出限均为 1mg/kg。

表 7-8 贝壳原材料重金属溶出性检测结果　　　（单位：mg/kg）

贝壳原材料	铅	镉	铬	汞	砷	锑	钡	硒
紫石房蛤	—	—	—	—	—	—	2.41	—
托氏鲳螺	—	—	—	—	—	—	—	—
文蛤	—	—	—	—	—	—	—	—
四角蛤蜊	—	—	—	—	—	—	—	—
翡翠贻贝	—	—	—	—	—	—	—	—
蛛螺	—	—	—	—	—	—	—	—

注：8 种重金属检出限均为 1mg/kg。

7.2.4　小结

贝雕工艺品制作过程中磨型等工序会产生较大的粉尘污染，本研究改进了贝雕磨型工艺流程，研发了贝雕磨型除尘工作台，以风机产生负压收集贝壳打磨、雕刻工序中产生的粉尘，用湿式除尘多级沉淀的方式去除粉尘。经过测算，车间正常开工情况下，风机流量应达到 7299.8m³/h，除尘风管最大直径为 0.4m，工作台设计中除尘风管直径确定为 0.3m。对贝雕磨型除尘工作台进行了除尘效果评估，监测结果表明，设备启用情况下，贝雕磨型车间内 PM$_{2.5}$、PM$_{10}$、TSP 浓度保持较低，符合国家职业卫生标准《工作场所有害因素职业接触限值 第 1 部分：化学有害因素》（GBZ 2.1—2019）限值要求。经计算，除尘设备对空气中的 PM$_{2.5}$、PM$_{10}$、TSP 的去除效率分别为 98.00%、98.015%、96.84%，除尘效果明显。出风口在工作状态下 TSP 浓度也符合《大气污染物综合排放标准》。本研究研发的贝雕磨型除尘工作台有效解决了贝雕工艺品生产过程中粉尘污染问题，为贝雕产业化发展提供了有力支持。

本研究中以北方河口典型贝壳为主要原材料，经过构图、白描、选料、洗料、磨型、雕琢、抛光、堆叠、干燥、总装、装裱等环节，完成了"瓜叶菊"、"仙克莱"和"星河流转"3 种不同外观设计的贝雕工艺品生产。按照相应的标准规范对工艺品的安全性进行检测，包括检测工艺品的主要材料贝壳、画布等重金属溶出，以及画布材料的甲醛释放。工艺品中除"瓜叶菊"作品中紫石房蛤和三角帆蚌，以及"仙克莱"作品中的画布有钡元素检出外，其余指标都未检出，且两幅作品中钡的含量都远低于限定值。三个作品的甲醛释放检测结果都显示未检出。同时对贝壳原材料也进行了重金属溶出性检测，仅紫石房蛤中钡元素有检出，钡的含量也低于限定值，其他贝类重金属都未检出。由此可见，贝雕工艺品的安全性较高，不会对人体健康造成危害。

第8章 河口湿地植物生物质炭产业化技术

8.1 湿地特色植物生物质产业化利用进展

8.1.1 国外概况

全球对生物质炭的发现和研究起源于 20 世纪末期对亚马孙盆地中部黑色土壤的认识。科学家研究发现，该土壤具有深厚且富含稳定有机质的暗色层，其 pH、阳离子交换量以及钙和镁含量又区别于老成土。这种土壤的形成与当地土著居民长期以来的一种"火耕"习惯有关，即每开垦一处新地后会将砍伐的林木就地挖坑、掩埋闷烧，并将烧制的炭施入土壤中。长期烧炭入土的耕作方式形成了厚厚的炭化土壤层，这种土壤含丰富的有机质，且有机质与土壤矿物结合形成稳定团聚体并长期保存在土壤中，从根本上提高了强酸性贫瘠老成土的肥力水平，该炭化土壤层的存在是其维持高生产力的根本原因。

继在南美洲亚马孙河流域发现后，科学家在欧洲、澳大利亚等地区也发现了类似的暗色肥沃土壤。在南美洲和亚洲一些国家的山区，至今还保留着原始的土坑制炭还田的传统。在一些发达国家，农业生产方式发生很大转变，传统的劳动密集型土坑制炭的方法并不能满足现代农业的需求，而快速的、工业化的生物质炭制备工艺成为满足大规模生物质炭还田的技术需求。最初，许多国家参考木炭的制备工艺，利用低温热裂解工艺生产生物质炭，炭化的原料和方式随即成为炭化技术与工程发展的重要方面。

随后，生物质炭成为全球研究的焦点和热点。2006 年 7 月，国际生物炭联盟在美国宾夕法尼亚州费城举行的世界土壤科学大会上举行的一次会外会议上形成。会议上，来自学术机构、商业企业、投资银行家、非政府组织、联邦机构代表以及来自世界各地的个人和代表，就促进生物质炭的研究、开发、示范，以及生物质炭的产业化和商业化达成一致意见。2007 年 4 月，第一届国际生物质炭会议在澳大利亚新南威尔士州举办，吸引了来自13 个国家的 107 名代表参加，大会一致同意，国际生物炭联盟在美国成立。自成立以来，IBI 成为生物炭研究和商业化的领先非营利组织。美国率先成立了美国生物质炭协会，是世界上生物质炭研究、技术开发、商业化、工农业及环保应用最活跃的区域性生物质炭交流平台。

澳大利亚新南威尔士州的 Stephen Joseph 博士最早系统地总结生物质炭的制备工艺与技术，并率先在美国注册了生物质炭公司，他被称为"世界生物质炭科技之父"。鉴于其在全球推广生物质炭工程方面作出的贡献，Stephen Joseph 博士获得了 2017 年澳大利亚国家荣誉勋章。2009 年，Stephen Joseph 与 Johannes Lehmann 合著的《生物质炭科技与环境管理》（*Biochar for Environmental Management*：*Science and Technology*）一书出版。这本书被人称为"生物质炭圣经"，并于 2015 年再版。

已有的研究表明，生物质炭在固碳减排、土壤改良和环境污染治理中的潜在应用前景（Kleiner，2009；Woolf et al.，2010）。2015 年，科学家和社会活动家在 *Nature* 撰文呼吁全球农业引入生物质炭土壤改良提升机制，鼓励发展废弃物生物质炭促进土壤固碳和农业生产力提高。近年来科学家们也将生物质炭施加土壤的实践列入减缓气候变化的可行技术途径。

全球环境基金（Global Environment Fund，GEF）于 2015 年启动了"生物质炭与全球土壤可持续管理（示范）项目"，资助亚洲、非洲和南美洲等地区的 6 个国家开展农民参与的生物质炭土壤改良与肥力提升实践。亚洲开发银行也设立种子项目支持在尼泊尔等亚洲欠发达国家山区的农民进行农业废弃物炭化和生物质炭土壤改良项目，帮助保持和提升土壤肥力，增进农业生产效益。这些项目也带动了非洲一些国家发展生物质炭科技和农业应用的热情，法国一些国际组织将生物质炭改良土壤和施肥作为脱贫的主要解决方案，还建立了生物质炭试验示范和培训基地，并成立了泛非洲生物质炭研究中心和生物质炭协会以推广其生物质炭科技与应用。生物质炭通过改良土壤与提升肥力帮助欠发达地区土壤保持和农业增产增效已经被广泛接受，越来越受到国际基金组织的关注。作为扶贫减困助农富农的小计划，一些金融机构也越来越乐于支持这样的环保、自然和农业多赢项目。全球土壤可持续管理的生物质炭应用推动了生物质炭科技及产业的发展（刘晓雨等，2018）。

8.1.2 国内概况

8.1.2.1 生物质炭研究与产业化历程

我国一直非常重视生物质炭的开发和利用，当前我国生物质炭的应用主要集中在农业领域，其中生物质炭基肥是主要的应用产品，沈阳农业大学、南京农业大学"一南一北"两所高校在生物质炭的研究和产业化中处于领先地位。

近年来，国内的研究飞跃式增加，产业化推广迅速，浙江、湖南等省也成立了生物炭工程技术研究中心，许多企业加入到了生物质炭的产业化中。

我国非常重视生物质的利用，在生物质炭方面，2017 年 4 月 28 日农业部发布《农业部办公厅关于推介发布秸秆农用十大模式的通知》（农办科〔2017〕24 号文件），"秸秆炭化还田、土壤改良技术"列为重点推介的秸秆农用十大模式之一，国家部委对生物质炭化还田利用技术进一步给予肯定，并鼓励推广。2017 年 11 月 27 日，国家能源局和环境保护部联合下发《关于开展燃煤耦合生物质发电技改试点工作的通知》（国能发电力〔2017〕75 号），指出要鼓励试点项目联产生物炭，并开展炭基肥料还田、活性炭治理修复土壤水体等下游产业利用研究。这些政策的发布，对促进生物质炭产业化的发展起到了关键作用。

伴随着生物质炭研究和市场推广的需求，2017 年 6 月，国家生物炭科技创新联盟成立。2019 年，*Biochar* 杂志创刊，陈温福院士担任主编；2020 年 11 月 15 日，沈阳农业大学国家生物炭研究院（原生物炭工程技术研究中心）成立，标志着我国生物质炭的研究进入了快速发展的阶段，这都对生物质炭的产业化起到了推进作用。

目前，沈阳农业大学研发的组合式多联产生物质快速炭化设备及其制炭方法已经获得国家专利。该专利技术在生物质炭制备过程中，将含水量低于20%的秸秆放入多联产炭化成套设备中点燃，让其在缺氧环境下燃烧，整个过程看不到明火，最后形成炭颗粒，而燃烧产生的少量一氧化碳、甲烷和氢气将回收再利用。同时，沈阳农业大学生物炭工程技术研究中心利用生物质炭开发出多种炭基缓释肥和土壤改良剂用于还田，可在减少氮肥投入20%的基础上提高作物产量10%。这项技术已经在辽宁的岫岩、法库等地进行推广示范。

为了加速以"秸秆炭化还田技术"为代表的生物质炭产业发展、实现产学研用的有机结合，沈阳农业大学生物炭工程技术研究中心积极与企业协作开展技术的开发和推广，逐步建立"以生物质炭为核心，以简易制炭技术为基础，以生物质炭肥和土壤改良剂为主要发展方向，兼顾能源应用"的农林废弃物炭化综合利用理论与技术体系，面向全产业链的生物质炭研发体系基本建成。2014年，在相关企业的参与下，开展了生物质炭的推广试点工作，并取得了良好的经济与生态效益，如沈阳农业大学在辽宁省彰武县、法库县、辽中县[①]、新民市和铁岭县开展的炭基产品示范，其中水稻平均增产8%、玉米平均增产7.55%、花生平均增产9.44%、马铃薯平均增产8.5%。

我国生物质炭理论研究、产业化应用在国际上处于领先地位，关于生物质炭的SCI论文，我国研究人员发表的几乎占到50%；制炭设备、工艺流程也相当成熟，能够实现自循环、无污染生产。生物质炭生产成本仅为国外同类产品的15%，生物质炭基肥与复合肥生产成本大体相当，具备了大规模产业化基础。若将我国每年30%的秸秆进行生物质炭产业化利用，就能形成规模超过2500亿元的生物质炭基肥或土壤改良剂产业，可带动约10万人就业，每年带动农民直接增收588亿元。目前，制备生物质炭的设备和技术应用已在辽宁、吉林、黑龙江、贵州、河南、云南等地得到了大面积推广，并带动了当地新型农业合作组织、农技服务组织的发展，产业发展前景广阔。2015年是联合国"国际土壤年"，启动了"生物质炭与可持续土壤"项目，中国是6个生物质炭技术示范和培训国家之一。

8.1.2.2 生物质炭产业化应用情况

据P&S Market Research预测，2015年全球生物质炭市场是430万美元，至2025年，每年将以17.1%的速率增长。生物质炭的市场前景将越来越光明。当前的产业化已应用于农业生产、畜禽水产生产、环境治理和能源等领域。

（1）农业生产领域

A. 生物质炭基肥

生物质炭基肥是我国生物质炭应用的主要方向。生物质炭基肥是根据不同作物生长需要，将生物质炭与作物生长所必需的氮、磷、钾及多种中微量元素科学配比，生产制成的新型肥料。生物质炭基肥具有五大优势：一是显著提高土壤有机质；二是改善土壤结构，形成团聚体；三是生物质炭如同水分养分的储蓄库和供应库，生物质炭在土壤里可以吸附

---

① 2016年撤县设区。

养分，并通过交换作用逐步释放养分，同时生物质炭可以保水保墒；四是提高土壤微生物量和微生物多样性；五是减少温室气体排放。

当前，我国已经研发出年产万吨秸秆生物质炭生产集成系统（图8-1）。秸秆年处理量1.5万t，生物质炭年产0.5万t，生物质炭基肥年产2万t的生产系统已经投入运行并快速商业化推广。这一套生产系统与多种形式的秸秆收储运系统结合后可以形成秸秆年处理量1000万t，生产生物质炭350万t，炭基肥1200多万吨的新型生物质炭基产业，其年产值将达到300亿~400亿元。

(a)连续热裂解炭化转窑系统　　　　　　(b)热解产物气、液和固三相分离纯化系统

图8-1　中国自主研发的年产万吨秸秆生物质炭生产集成系统

B. 生物质炭农田应用管理

生物质炭固有的结构特征与理化特性，使其施入土壤后对土壤容重、含水量、孔隙度、阳离子交换量、养分含量等产生一定影响，从而直接或间接地影响土壤微生态环境。生物炭丰富的有机碳可增加土壤有机碳含量，其中一定量的矿质养分可增加土壤中的磷、钾、钙、镁及氮素等，丰富的孔隙可显著调节土壤持水能力，其碱性特征使其可用作酸性土壤改良剂并提高土壤养分有效性，即便在盐碱土改良中也有应用的可能。

生物质炭的上述特性使其可用作土壤改良剂，并表现出克服或缓解土壤障碍因子、促进作物生长发育、抑制有害病菌、减少重金属和农药等有害成分吸收等功能。生物炭还可作为缓控释肥和微生物接种菌的载体，用于生产炭基复混合肥、炭基有机肥、炭基生物肥等，延缓肥料养分在土壤中的释放，降低淋失及固定等损失，提高肥料养分利用率。

C. 生物质炭对作物的增产作用

生物质炭对作物产量的影响在很大程度上取决于生物炭的用量和土壤类型，总体上以正向效应居多，应用于中低肥力或退化土壤比应用于肥沃或健康土壤更有效。Lehmann 等（2003）将生物质炭分别以68t/hm²和135t/hm²的标准混入试验土壤中，发现水稻和豇豆的生物量分别提高了17%和43%。Uzoma 等（2011）将生物质炭应用于沙质土壤生产玉米，结果表明当生物质炭施用量达到15t/hm²和20t/hm²时，产量分别提高150%和98%。

生物质炭对作物生物量和产量的促进作用还随时间的延长表现出一定的累加效应。Major 等（2010）对玉米和大豆轮作土壤进行多年生物质炭处理试验结果表明，施用20t/hm²生物质炭的土壤，第1年玉米产量并未提高，但在随后的3年中产量逐年递增，分别比对照提高了28%、30%和140%。巴西亚马孙河流域的田间试验也表明，以

$11t/hm^2$ 标准在土壤中施入生物质炭，经过 2 年 4 个生长季后，水稻和高粱的产量累积增加了 75% 。

除了与土壤相互作用外，生物质炭与肥料的互作研究也同样获得了积极反馈。尤其在中国，研究者将生物质炭与化肥混合，发明了生物质炭基肥料。实验结果表明，生物质炭花生专用肥有利于花生叶片功能期的延长，产量增加 13.5% ；生物质炭玉米专用肥有效地提高了穗粒数与粒重，产量增加 7.6% ~ 11.6% ；生物质炭大豆专用肥使分枝数、单株粒数和百粒重增加，产量增加 7.2% 。

总之，生物质炭对作物的影响不仅体现在生物炭的性质和功能上，更重要的是生物质炭的应用条件和方式。只有做到"因地制宜、对症下药"，才能发挥出生物质炭在农田管理方面的优势。

（2）畜禽水产生产领域

A. 生物质炭提高动物生产性能

生物质炭可以改善动物对营养物质的消化代谢，提高动物的生产性能。研究表明，随饲料中生物质炭添加量增加，尼罗罗非鱼肌肉中蛋白水平增加；饲料中添加 2% 的生物质炭能够显著提高鲶鱼的特定生长率并且减少氨氮的排放；添加竹炭能够显著提高牙鲆的特定生长率、饲料转化率和蛋白质功效比值等；饲料添加一定量的麦秸生物质炭可以减少肉鸡腹脂沉积，降低血清总胆固醇和三酰甘油含量，在一定程度上有助于改善肉鸡的屠宰性能和生产性能。此外，对火鸡、山羊等的研究也有相似结果。

B. 生物质炭的抗病抑菌作用

生物质炭及其副产品木醋液有抗病抑菌作用。木醋液作为饲料添加剂与生物质炭混合，可以提高仔猪对饲料的利用效率，促进仔猪生长，提高鸭子的平均日增重。

生物质炭对有毒物质的吸附有利于提高动物抗病能力，促进动物健康生长。Kana 等（2010）的研究表明，饲料中添加玉米芯炭或橄榄种子炭均能改善由黄曲霉毒素 B1 引起的肉仔鸡平均日采食量和肠比重下降。Watarai 和 Tana（2005）研究发现，饲料中添加炭可有效减少肠炎沙门氏菌（*Salmonell enteritidis*）数量，降低对肠道的危害。添加 1% 的生物质炭和木醋液能够提高仔猪免疫功能与抗应激能力。生物质炭可净化养殖用水和养殖污水，有利于保障畜牧业健康发展。

（3）环境治理领域

生物质炭在增加土壤碳汇、减少温室气体排放、修复污染土壤、缓解秸秆焚烧等方面彰显出巨大潜力，已成为土壤环境研究领域的热点。

A. 固碳减排

生物质炭碳架结构稳定，很难分解，可以稳定固持在土壤中直接形成碳汇，而且对土壤碳氮转化过程也影响深远。生物质炭施入土壤后表现出负向激发效应进而降低土壤 CO_2 排放，并通过多种机制显著降低土壤 N_2O 排放，包括 pH 变化改变反硝化过程中 N_2O 转化为 N_2 的比例；改变土壤微生物的丰度，尤其是提高参与反硝化作用的微生物的生长和活性；增加对 NH_4^+ 或 NO_3^- 的吸附；改善土壤通气状况，降低反硝化速率。

受土壤性质、管理措施、应用方式等的影响，研究结果虽不尽相同，但生物质炭对土壤 N 循环的影响是显著的。在稻田系统，生物质炭对土壤 CH_4 累积排放量显著降低或土壤

对 CH_4 的净吸收。也有研究表明，施用生物质炭会增加 CH_4 排放量，这可能是由于生物质炭为产甲烷菌提供了底物或抑制了甲烷氧化菌的活性。

B. 污染治理

生物质炭在污染治理方面的研究一直是热点。生物质炭主要通过吸附作用影响土壤中重金属的生物有效性，而吸附作用又包括化学吸附和物理吸附。生物质炭芳香化程度高，孔隙结构丰富，当重金属离子靠近苯环时，苯环电子云可发生极化并产生微弱的静电作用，进而发生物理吸附作用。生物质炭也可通过表面官能团实现对重金属的化学吸附。

生物质炭碱性较强，可显著提升土壤 pH，从而间接降低重金属生物有效性。此外，生物质炭可改变土壤的水分和通气状况，并影响土壤的氧化还原电位，进而改变某些电荷敏感的有毒重金属（如 Cr）的毒性。值得注意的是，生物质炭并不能对所有重金属元素都能起到钝化其生物有效性的作用。

生物质炭对环境介质中的多环芳烃、多氯联苯、萘、酚等多种有机污染物有较强的吸附能力，并影响污染物的迁移与归趋。生物质炭对有机污染物的吸附机制主要包括分配作用、表面吸附作用、孔隙截留及微观吸附，但吸附过程同时受多种作用机制联合驱动。制炭原料、芳香化程度、元素组成、pH、孔隙结构、表面化学性质等，对其吸附有机污染物的能力均可产生至关重要的影响，这也使得不同类型生物炭对应不同特征的有机污染物的吸附机理变得错综复杂。

目前，对生物质炭吸附有机污染物机理的定性研究居多，面向构效关系的定量研究正在逐步展开。然而，在土壤环境中，生物质炭降低有机污染物可给性的机理仍然很难定量解释，因为其中还涉及复杂的微生物代谢过程。

当前，无论是针对生物质炭修复无机污染还是有机污染，都缺乏原位的或者定位的多年实验研究，更未见大规模将生物炭及相关产品应用于修复实践的成功案例。生物质炭的环境修复作用机理研究在未来相当长的时间内仍将是热点，生物炭改性或与其他修复方法相结合可能是加速生物炭应用研究的理想策略。

（4）能源领域

A. 炭化生物质煤

"炭，烧木余也"，作为一种高品质的能源，炭的应用即便在煤和石油出现以后仍十分普遍。生物质炭具有和煤炭相似的 H/C、O/C 和热值，具有理想的燃料特性。生物质炭的理化性质随生物质原料和炭化工艺的变化而变化，其燃烧特性也是如此。Zhao 等（2018）评估了 34 种生物炭样品的可燃性，虽然这些样品都未界定为易燃物，但相对而言，快速热解生物炭（71%）都具有较高的燃烧距离，而大多数慢速热解样品（80%）没有燃烧距离，挥发分含量是其关键影响因素。

此外，官能团类型和表面积大小也影响着生物质炭与氧气的反应能力。一方面，可通过减小粒径（获得更大的比表面积）使生物炭达到与粉煤相同的燃烧性能；另一方面，可通过改变热解工艺获得热值高于一级净化煤的生物炭。为贴近生产实际，将生物质炭与煤混合燃烧的相关研究也越来越多，这些研究表明，生物质炭能有效降低混合燃料的着火温度和燃尽温度，提高燃料转化率和燃烧特性等相关指标，可用于未来大型锅炉的燃煤共燃。

为改善粉状生物炭的体积能量密度、减少燃烧时颗粒物的形成，生物质炭成型也成为另一种能源应用方案。陈温福等（2011）针对中国农村能源升级过程中存在的化石燃料替代问题研发出"炭化生物质煤"，其燃烧性能优异、清洁环保，可广泛应用于小规模家庭供能，亦可大规模集中供热。压缩成型的生物质炭具有较好的燃烧性能，含水率、成型压力、保压时间以及黏合剂的种类对成型生物炭的抗破坏强度、尺寸稳定性和燃烧特性都有着显著影响。

B. 浆料

生物油/生物质炭浆料（即生物浆料）是一种通过将细生物质炭颗粒悬浮于热解生物油中而制备的新型燃料，可克服与生物质利用相关的运输成本高、可磨性差、与煤炭共处理的燃料性质不匹配等关键问题。例如，生物质炭颗粒可以显著提高发泡乳液的总燃烧速率。此外，生物浆料蒸汽气化制取富氢合成气，或以生物质炭为原料进行水蒸气/CO_2气化制备富氢合成气的技术正在逐渐发展起来，原料、粒径和催化剂是此类研究的关注点。

C. 储能材料

直接碳固体氧化物燃料电池（direct carbon solid oxide fuel cell，DC-SOFC）是一种全固态装置，可以直接将碳燃料的化学能转化为电能，而在直接碳燃料电池（direct carbon fuel cell，DCFC）或混合碳燃料电池（hybrid carbon fuel cell，HCFC）中使用生物质炭作为燃料是可行的。在微生物燃料电池方面，生物质炭作为电极或催化剂也有很好的应用前景。此外，生物质炭直接或经过改性后可作为电极材料，在超级电容器（super capacitor，SC）和锂离子电池（lithium ion battery，LIB）等电化学储能装置中已经显示出巨大的应用潜力。

8.2　湿地特色植物生物质产业化利用技术路线

8.2.1　技术路线

植物制备生物质炭产品的性状，通常只与炭化的温度、炭化的时间以及炭化的方式有关，而与生物体自身的关系影响不大。而河口湿地植物，由于环境中盐度高，一些植物，如互花米草，植物体中的高含盐量会影响生物质炭基肥等产品的应用，因此，为满足使用需求，减少环境影响，对含盐量高的河口湿地植物可通过水浸泡脱盐的方式，降低植物体含盐量到较低水平，实现制备生物质炭的需求。

河口湿地植物生物质炭产业化技术涉及秸秆原料的收集、原料预处理、热解炭化、生物质炭的卸出与储存以及形成生物质炭产品等环节（图8-2）。首先从沿海滩涂收割互花米草秸秆，运送至生物质炭企业。然后对原料进行原料预处理，包括清洗、脱盐（不脱盐）、烘干和粉碎，脱盐和不脱盐两种处理方式是为了研究原料自身含有的盐分含量是否影响生物质炭的性能。预处理后的原料进入热解炭化环节，该环节的关键步骤是优化热解条件，以产出高吸附性能的生物质炭的热解条件，包括热解温度和热解时间，其中热解温度设置为350~650℃，以50℃为间隔，热解时间设置为0.5h、1h、2h和3h。热解结束后，从炭化炉卸出生物质炭，合理储存。根据需求生产生物质炭产品，待售。

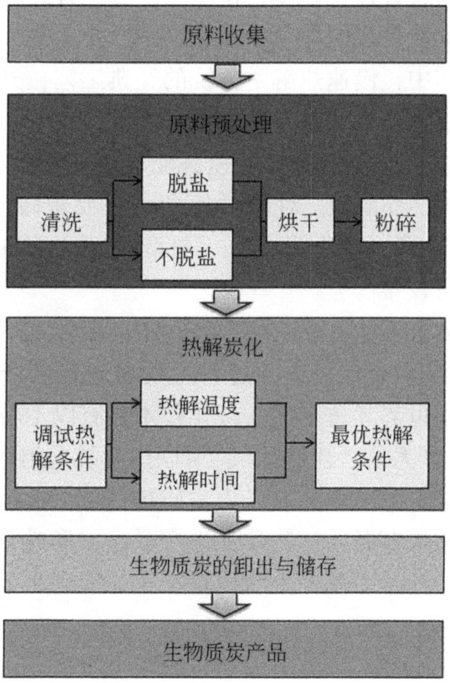

图 8-2　技术路线

8.2.2　技术基础

生物质炭制备技术一般包括热解炭化、气化炭化、水热炭化、闪蒸炭化和烘焙炭化 5 种类型。①热解炭化是将生物质在 300～900℃（一般<700℃）的温度范围内，在没有氧气或有限供氧的条件下，将生物质进行高温分解，这种技术产生的气、液、固三相产物的产量相对均衡。②气化炭化是在高温（>700℃）和受控量的氧化剂（氧气、空气、蒸汽或这些气体的混合物）供应条件下，发生气化反应生产气态混合物的过程，液态和固态产物较少。与热裂解法相比，气化法得到的生物炭的芳香化程度更高。③水热炭化是将生物质悬浮在相对较低温度（150～375℃）的高压水中数小时，制备得到炭−水−浆混合物。水热法得到的生物炭以烷烃结构为主，稳定性较低。④闪蒸炭化反应温度一般为 300～600℃，反应时间一般不超过 30min，所得产物以气态产物和固态产物为主。⑤烘焙炭化（也称为温和热解）是在低温（200～300℃）、缺氧（或无氧）和较低加热速率（小于50℃/min）的条件下对生物质进行热化学处理。

生物质炭技术具有多方面、多维度的生态、社会、经济效益，然而，综合评价各类生物炭生产工艺的优劣因缺乏数据而十分困难。在上述各类工艺中，热解、气化分别具有最高的经济可行性和技术成熟度，也因此成为当前生物质炭生产的主要技术手段。其中，热解技术因其在缓解气候变化方面的突出作用而备受关注。

生物质热解炭化工艺和装置种类繁多，按照热源提供方式可分为外热式、内热式和自燃式，按照操作方式的连续性可以分为间歇式和连续式，按照传热速率可分为慢速热解、常速热解和快速热解等。其中，慢速热解是传统的经典工艺，升温速率低且固相停留时间为数小时至数天，主要用于生产木炭；常速热解固相停留时间一般为 5~30min，气、液、固三相产物产量相对均衡；快速热解升温迅速，能在极短的时间内将小颗粒（1~2mm）生物质原料迅速升温至 400~700℃，对原料的含水率要求较高（一般要求含水率小于 10wt%），气体停留时间也较短（最大为 5s），目标产物为生物油。"快"和"慢"是相对的，没有明确的界限，有时较难区分。

当前，常速热解炭化装置在生物质炭生产实践中应用较为广泛，并在一定程度上实现了多联产。我国在 2010 年左右开始有企业进行生物质炭化的产业，到目前为止，我国在生物质资源炭化利用中处于世界先进水平，炭化技术具有以下特点：①形成了生物质炭产业化系统、生物质油–炭生产系统、生物质气–炭联产系统、组合式生物质炭多联产快速炭化系统等多元技术利用模式。②可单独制备生物质炭，更可将生物质炭制备与可燃气体生产、发电联合，可将生物质炭制备与生物质油生产联合，形成多元可利用产品。③产能方面，既能满足工厂基地年产几十万吨的大规模量产，又能满足分散的移动式生产需求，实现了对多种情景的要求。

8.2.3　关键技术

1）如前所述，植物制备生物质炭的技术已经较为成熟。在河口地区，由于环境的特殊性，该区域植物的产业化中，植物收割和植物脱盐的技术，是该区域植物产业化的关键技术。

2）河口湿地受到海水潮汐影响，地貌复杂多样，湿地植物生长的环境往往处于滩涂、沼泽等基质较软的环境，人力收割速度慢且成本高，因此，河口湿地植物机械化收获是资源化的关键技术。

3）河口湿地特殊的盐度导致湿地植物含盐量较高，是否需要脱盐，以及如何大规模脱盐处理，是产业化的关键技术。

8.3　湿地特色植物生物质产业化利用技术

8.3.1　植物收割设备

当前，植物收割可以通过人力收割和机器收割的方式进行。机械收割的方式速度快，可以满足大面积的快速收割，是产业化中主要的方式。陆地植物的收割比较容易，已经有许多的机器研发。河口湿地由于土壤含水量高，机械操作难度较大，且要考虑植物收割后快速运出，因此需要专门的收割设备。当前，已有针对湿地、滩地上植物收割的机械设备应用（图 8-3~图 8-5），并且实现了收割打捆一体化，这为河口湿地芦苇、互花米草等植物的收割提供了基础。

图 8-3　芦苇收割机

图 8-4　自走式芦苇收割机

秸秆高效压缩收割机。秸秆高效压缩收割机是一种用于植物体收获、粉碎、压块、成型、包装的新型收割机。

8.3.2　植物破碎工艺与设备

根据生物质炭生产的需求，植物体需要加工形成不同粒径形状后进行烧制，以便于适应设备、提高设备效率、满足后续使用等。因此，对植物体的破碎是河口湿地植物产业化的关键步骤。

图 8-5 芦苇割捆机

当前,已经有了大量的植物粉碎机器,满足对植物体加工的各种需求。芦苇粉碎机是一种生产植物碎屑的理想机械设备。它可以将植物体、木材、枝杈等原料一次加工成屑,具有投资少、耗能低、生产率高、经济效益好,使用维修方便等优点;一般由削屑装置、粉碎装置和风机组成(图 8-6)。植物体经削屑装置切削后的碎屑粒度小,不需晒干就可送进粉碎装置进一步粉碎,粉碎后的木屑机成品由风机送至集料地点。

图 8-6 芦苇粉碎机

图 8-6 为一款常用的芦苇粉碎机,可以根据生物质炭制备需求调整输出的芦苇碎屑粒径。该款芦苇粉碎机结构与粉碎原理为:①机器由机体、中机体、下机体三大部分组成;②粉碎刀具有 7 型刀、一型刀和离心刀组成;③副机由风机、集粉器、除尘器组成;④主机粉碎室采用 7 型刀、一型刀和离心刀,有粗粉碎、细粉碎和离心来复粉碎,由电机带动粉碎机转子高速运转,使机械产生高速气流对粉碎物料产生高强度的撞击力、压缩力、切割力、摩擦力,来达到独特的粉碎功能;⑤在三种刀片切割粉碎过程中,转子产生高速度

气流随刀片方向旋转,物料在气流中加速并反复冲击、切割摩擦,同时受到三种粉碎作用,被粉碎的物料随气流进入分析器进行分析,因为在受到分析器转子离心力作用时又受到气流向心力的作用,所以当离心力大于向心力时,细粒子随气流进入集粉器收集,粗粒子进入离心来复粉碎室继续粉碎直至达到满意的细度(图 8-7)。

图 8-7 粉碎效果

芦苇粉碎机经过技术的改良之后,结构布局紧密,部件耐磨、消耗少、质量高、自动吸料、运作起来稳定,安全性高,生产效率也高,芦苇粉碎机合理。同时,可以根据使用需求设计调整机器配件,满足生产需求。为满足野外现场的粉碎需求,市场上已有可移动粉碎机,可以带到野外现场,满足粉碎需求(图 8-8)。

8.3.3 塑形工艺与设备

生物质炭制备后,主要用于生物质炭基肥、土壤调理剂等产品销售。为保证产品的标准化,往往需要生物质炭形成一定的形状,以便于后续产品的制备。因此,某些生物质炭制备过程中需要进行塑形。

当前,市场上已有一些属性的设备(图 8-9),可以满足移动式、固定式工艺需求。

图 8-8　可移动粉碎机

图 8-9　便携式秸秆颗粒化机

8.3.4　炭化工艺与设备

8.3.4.1　炭化工艺

炭化是植物体形成生物质炭的核心工艺，对生物质炭的产业化具有关键的作用。河口湿地植物的生物质炭制备，与已有的应用于其他有机体炭化的工艺类似。植物炭化的主要工艺有堆烧法、窑烧法和炉烧法，其中欧美国家常用堆烧法，我国常用窑烧法。

（1）堆烧法

堆烧法的程序为：将炭化原料竖立或横放在垫木上，上铺一层小树枝或柴草，再用黏土覆盖密封，同时修筑一排烟口或装一根排烟管，然后点火烧制。烧炭过程中，要注意供给的空气量。硬木原料的出炭率为20%~35%，软木原料的出炭率为14%~18%。

（2）窑烧法

窑烧法的程序为：烘窑、缺氧闷烧、闷窑。该方法生产的黑炭出炭率为15%~20%，白炭比黑炭少1/4~1/3。中国具有悠久的烧炭历史，最早的炭化装置以窑的形式出现，一般以土窑或砖窑为反应装置，将炭化原料（杂草、秸秆、枯枝、落叶等）填入窑中，由窑内燃料燃烧提供炭化过程所需热量，然后将炭化窑封闭，窑顶开有通气孔，炭化原料在缺氧的环境下被闷烧，并在窑内进行缓慢冷却，最终制成炭。该过程是慢速热解过程，也是产炭率最高的制炭方法，但这种制炭方式存在周期长、炭质量不稳定等问题。

新型窑式热解炭化系统主要在火力控制和排气管道方面做了较大改变，其主要构造包括密封炉盖、窑式炉膛、底部炉栅、气液冷凝分离及回收装置。在炉体材料方面多用低合金碳钢和耐火材料，机械化程度更高、产炭质量好、适应性更强。在产炭同时可回收热解过程中的气液产物，生产木醋液和木煤气，通过化学方法可将其进一步加工制得乙酸、甲醇、乙酸乙酯、酚类、抗聚剂等化工用品。日本农林水产省森林综合研究所设计了一种移动式BA-I型炭化窑，利用隔热材料进行双层密封，连接部分用砂土密封，严格控制进气量，生物质炭产率较高。河南省科学院能源研究所有限公司研制了三段式生物质热解窑，由热解釜与加热炉两部分组成（图8-10），料管可在热解釜上行走，气相产物则通过料管排出，具有高效节能、低污染、通用性好、操作简便等特点。截至目前，部分炭化窑已获得了国家专利保护，并在当地获得推广。总体来看，经过改造的窑炭化具有原料适应性强、设备容积大、产炭率高等优点，但也具有炭化周期长、炭化过程难以控制、资源浪费严重（油、气等直接排放）等缺点。

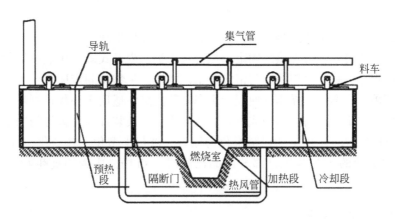

图 8-10　三段式生物质热解窑（李在峰等，2004）

（3）固定床炭化（炉烧法）

固定床炭化源于中国古老的烧炭工艺，现已开发出钢铁材料制成的固定床炭化炉。泰国清迈大学研发了大型烟道气体金属炭化炉，将实验用木薯根茎在燃烧炉内点燃，用产生的燃料气进行炭化，且热解产生的可燃气体还可二次回流利用，实现连续热解炭气联产（图8-11）。中国林业科学院林产化学工业研究所开发了内燃式BX型炭化炉，所得生物炭品质较高。辽宁省生物炭工程技术研究中心和辽宁金和福农业科技股份有限公司研发的半封闭式亚高温缺氧干馏炭化技术以及配套的可移动组合式炭化炉，实现了在原料产地就地或就近制炭，将生产模式从原料收集、储运、异地集中炭化，转变为在产地就地、就近炭化，解决了长期制约农林废弃物资源化和产业化的原料运输成本过高等"瓶颈"问题，使大规模制备生物炭成为可能。

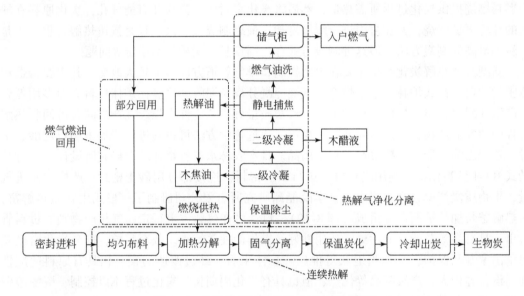

图 8-11　生物质连续热解炭气联产工艺路线

　　近些年，生物质固定床热解炭化技术发展较快，先后出现了多种不同结构的固定床炭化炉。按加热方式可以分为外热式固定床热解炭化炉、内燃式固定床热解炭化炉和再流通气体加热式固定床热解炭化炉等。与窑炭化工艺相比，生物质固定床炭化工艺具有运动部件少、制造简单、成本低、操作方便、产炭率高等优点，适用于小规模制炭，但由于生物质能量密度低、收集成本高、运输成本高以及炭化工艺及装置不完善等问题未能得到大范围推广。现有的固定床炭化主要以窑炭化为原型，进行小型化、轻简化、可控化等改造，衍生出了不同类型的工艺装置，部分产品已经进入市场，成为当前生物质炭化的主要设备。

8.3.4.2　炭化主要设备

　　生物质炭化设备是对生物质进行炭化的核心工艺设备，目前市场上的炭化设备可分为移动床、固定床、流化床等，根据需求选择适宜的炭化设备。另外，基于炭化设备组合的生物质炭-油、炭-气和炭-气-油联产系统产生的炭化气或炭化油可回用作为炭化炉的热源，有利于环境保护和能源节约，因而逐渐受到人们的关注。

（1）移动式秸秆炭化机

移动式秸秆炭化机（图 8-12）每小时可生产 80kg 生物质炭，可满足少量生物质制备生物质炭的需求。

图 8-12　移动式秸秆炭化机

该炭化系统由定量喂料机、回转圆筒炭化炉、燃烧炉、燃烧鼓风机、水冷式热交换器、旋风除尘器、烟囱等构成（图 8-13）。

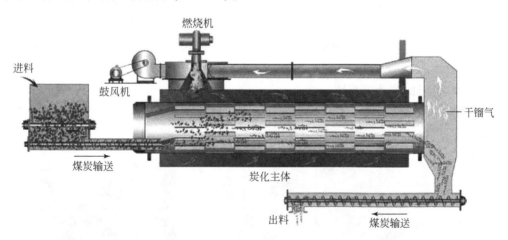

图 8-13　炭化工艺原理

炭化炉是一个卧式旋转体，采用间接供热的方式，其侧部的热风炉燃烧产生高温，对可旋转的炉体进行加热，炉体内的物料在低氧的状态下受热分解，产生大量的干馏气体，干馏气体经引风机引入燃烧室进行二次燃烧；物料经炉体的搬送从炉体末端输出，输出端带有产品冷凝和收集系统，将产品冷却后收集；燃烧排出的高温烟气抽送给超级干燥机，供其干燥污泥。尾气处理方面，当燃烧炉中温度达到800℃以上时干馏气体可完全燃烧，达到无害化处理，排气通过水冷式热交换器降温后，经旋风除尘器除尘，排入大气。

（2）生物质炭产业化生产系统

生物质炭产业化生产系统（图8-14）主要用于生物残体规模化炭化生产，每小时产炭量可达到0.8t；可连续生产，固液分离。

(a)系统全貌　　　　　　　　　　(b)热解回转窑

(c)生物质炭产品筛选　　　　　　(d)产品

图8-14　生物质炭产业化生产系统

（3）生物质油-炭生产系统

生物质油-炭生产系统（图8-15）每小时可处理植物体2t，生成生物油0.8t，产生生物质炭0.5~0.6t。

图 8-15　快速热解塔及其产品

（4）生物质气炭联产系统

生物质气炭联产系统（图 8-16）在制备生物质炭过程中，每小时可产生可燃气 800m³，每小时产生的可燃气总热值 1 600 000kcal[①]，每小时可生成生物质炭 500～600kg。

图 8-16　TYTHL-2000 稻草气化塔

（5）组合式生物质炭多联产快速炭化设备

组合式生物质炭多联产快速炭化设备（图 8-17）适合不同气候条件下物料炭化加工，炭化速度快，产炭量高。利用该设备炭化后产出的优质生物炭进一步深加工，可制成生物

---

① 1cal = 4.1868J。

炭基复混肥、生物炭基有机肥、活性炭等经济及附加值极高的农业和能源新产品，经济效益显著。

图 8-17　组合式生物质炭多联产快速炭化设备

（6）可移动式生物质热裂解反应器

可移动式生物质热裂解反应器（图 8-18）由干燥系统、热裂解室、烟气净化系统、炭化室、冷却系统、控制系统六个部分构成，装置在一个集装箱内，可用汽车装载，实现移动、就地生产。人机操作，生产过程全自动数字化智能控制（也可远程数据采集和实时安全及质量监控），完全摒弃了国内落后炭炉工艺，实现了零污染高效能、高质量连续生产各种炭基产品的梦想。该项技术由美国 BSI 公司和国内高校科研机构长期合作研发而成，目前已经处于量产阶段。其产出的炭原料比表面积大、纯度高，完全符合高端炭行业领域用炭标准，可用于高端活性炭的优良前体、高品质生活炭及未来高性能炭黑原料和炭肥料等，市场广阔。

图 8-18　可移动式生物质热裂解反应器

生产效能：①清洁环保。产品生产过程无烟火排放、无炭、无火花、污染物几乎零排放，完全符合欧盟环境标准。②高效品质。碳含量高于85%以上，比表面积大于1500m²/g，24h内可生产可出10t的生物炭基。③高附加能。热裂解产生其生物质正常燃烧3倍的热能，加装发电机组后，可用于生产供电和并网发电。④高效生产。设备可移动、电脑可远程监控，并采集数据，实现连续昼夜生产，出炭量高、品质优良。⑤成本控制。反应器的制造成本降低为国际同类产品的20%，产品制造成本降低30%。

（7）干馏热解炭化炉

干馏热解炭化炉配备风机、配电柜、电磁加热控制器、电磁加热线圈、炭化炉、上料盘、烟气冷却塔、排木醋液口、点火口等（图8-19）。干馏热解炭化炉是将废弃的生物质自然资源，如谷壳、秸秆、锯末、椰壳、麻秆、桉树皮、棕榈壳等物料，在高温条件下进行干馏热解、无氧炭化且在生产加工过程中无烟气排出的新式环保炭化机器设备。该设备具有以下优点：①机器环保节能无烟气排出；②炉内密封性极为高、炉体坚固；③炭化时长短、产量高、成品炭优质；④设备操作安全便捷，节约用工成本。

图 8-19　干馏热解炭化炉

（8）连续式可移动生物质热裂解炭化炉

连续式可移动生物质热裂解炭化炉（图8-20和图8-21）的每台设备可以日产10t炭。该设备采用移动式生产及电脑程控方式，适用生物质种类广泛，温度控制精准，可移动，出炭量大，极大地保障了产品的质量稳定性和设备的效能。

| 粉碎加料 | 干燥后螺杆推进 | 程控初热裂解 | 完全裂解 | 冷却出炭 |

图 8-20　热裂解秸秆炭的生产过程图解

图 8-21　连续式可移动生物质热裂解炭化炉

8.4　湿地特色植物生物质产业化市场分析

8.4.1　热裂解炭化主要装备

　　自 2009 年以来，越来越多的企业开始投向技术研发与产业发展。最早的秸秆热裂解与生物质炭企业发明了池式炭化，通过挥发分分离得到生物质可燃气和木醋液，留下了大量固相物质——生物质炭。尽管是批次式秸秆处理，但这种技术不需要外部能源，首次实现了秸秆能源和养分与炭质的分离利用，符合农村社会经济条件。随后，该公司创新性地开发了热裂解立窑炭化生产系统，首次实现了每小时吨级规模的秸秆热裂解处理和生物质炭的连续工业化生产，每吨植物体可得到 $700m^3$ 以上的可燃气、300kg 的生物质炭和 200kg

的木醋液。

此外，专门针对棉花秸秆的封闭式中温热裂解炭化立窑在天津研发成功，生产的生物质炭作为燃料炭销售，每小时处理量接近吨级，具备连续生产的产业化条件。2013 年，安徽某公司开发出气炭联产热裂解转窑，每小时处理 1~2t 秸秆，挥发分大部分转化为生物质可燃气用于发电，而剩余的副产品生物质炭可达 0.3~0.6t，可用于农业。2013 年，某民营企业的水稻秸秆（稻壳）制备生物油的竖式高温快速热裂解系统开发投产，通过挥发分分离得到生物油，可供矿业冶炼燃料及调配后作为柴油供农机使用，而副产物生物质炭可供酸性稻田改土和治理重金属污染使用。该系统单机处理量高（1.5t/h 秸秆或稻壳）、单位秸秆收益（可达 1000 元/t 以上）佳，代表了目前世界上规模大、能源效益佳、秸秆经济性大的秸秆生物质热裂解生产系统技术（表 8-3~表 8-5）。

表 8-3　目前中国秸秆热裂解炭化代表性装备技术比较

热裂解方式	工业装备	秸秆处理量	目标产物	副产品	投资
连续式	半封闭热裂解炭化立窑	1t/h	生物质炭、可燃气	木醋液	300 万元
	封闭式热裂解炭化立窑（中温）	1t/h	生物质炭	可燃气、木醋液	200 万元
	气炭联产热裂解转窑（高温）	1~2t/h	可燃气	生物质炭	800 万元
	竖式高温快速热裂解系统	2t/h	挥发分生物质油	生物质炭	800 万元
	气热高温热裂解炭化转窑	0.5~0.8t/h	生物质炭、可燃气	木醋液	600 万元
批次式	热裂解炭化池	2~3t/（批次·周）	生物质炭、可燃气	木醋液	70 万元
	移动式半封闭组合炭化炉	0.1t/（批次·d）	可燃气	木醋液	10 万元

资料来源：潘根兴等（2015）。

表 8-4　秸秆四化利用及热裂解利用的循环性与产业化潜力比较

途径	利用方式	能力循环	养分循环	商品	产业化	从业者
肥料化	秸秆还田	无	矿化还田	无	无	个体生产者
	秸秆堆肥	无		有机肥料	小规模	肥料企业
饲料化	直接饲用	动物利用	过腹还田	无	小规模	农民
	颗粒饲料			小规模		企业
能源化	直燃发电	可燃气	废灰	电力	中小规模	个体或企业
	秸秆沼气	发电	沼肥	能源		
	秸秆气化	可燃气	炭灰	电力	大中小不同规模	企业
	秸秆颗粒	燃料	灰分	热能		
基料化	秸秆板材	无	无	板材	中小规模	企业
	秸秆基质	无	盆栽利用	盆钵基质	小规模	小微企业
热裂解	气炭联产	挥发分	固体炭质	生物质炭、可燃气、肥料	大中小因地制宜	个体到企业

资料来源：潘根兴等（2015）。

表 8-5　不同秸秆处理的环境效应及产业化潜力 （单位：tCO$_2$/t 秸秆）

处理方式	减排效应	循环利用性	产品与产业
秸秆还田	0	养分还田	无
秸秆沼气	0.8	能源/少量养分	沼气
秸秆发电	0.7	能源	电力
秸秆堆肥	<0.1	养分	肥料
秸秆热裂解	0.7~2.1	能源、养分、有机质	能源、肥料、基质、改良剂

资料来源：潘根兴等（2015）。

8.4.2　生物质炭应用领域

生物质炭在高端特种炭行业、秸秆处理、生物有机复合肥料、生物发电等领域有着巨大的市场空间和前景。

（1）特种炭领域

预计 2023 年全国超级电容活性炭年需求量将达 5 万 t，市场价值超 100 亿元。

（2）活性炭领域

由于中国经济尚处于快速发展阶段，活性炭在工业、食品饮料、净水炭、污水处理等领域的应用将快速增长。

（3）秸秆处理和生物发电领域

中国的秸秆焚烧，是空气污染和雾霾的重要原因之一，中国每年有 $1.0×10^{10}$ t 的秸秆需要处理，如果有 10% 进行生物质炭处理，可产生 $2.0×10^7$ t 生物质，其产生的经济价值达到 500 亿元。相较于垃圾发电企业，实施全国性碳排放交易后，生物质发电企业已经崭露头角，随之而来的对生物质发电原料需求将在稳定和高效上提出严格要求，那么生物质炭就成为最佳生物质发电原料选择，这个市场前景也将极为广阔。

（4）生物有机复合肥料领域

以生物质炭为基础的炭基复合肥料扩张空间广阔，如果按 15% 占有率，至少可以达到 $1.5×10^7$ t，产业潜力巨大。未来以生物质炭为基质，以炭基种植、炭基养殖、炭基食品等为重点形成的循环、有机或生态农业产业形式的中国家庭农场、农业综合体的深度发展，炭基农业将成为主旋律。

8.4.3　生物质炭产业化市场分析

2014~2017 年，我国生物质炭产品产值快速增长，从 2014 年的 5249 万元增长到 2017 年的 7967 万元，增长 51.8%，其中 2017 年增长最快（图 8-22）。

2017 年我国生物质炭产品市场规模约 7373 万元，同比 2016 年的 5964 万元增长了 23.6%（图 8-23）。

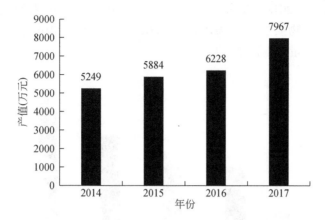

图 8-22　2014～2017 年中国生物质炭产品行业产值情况

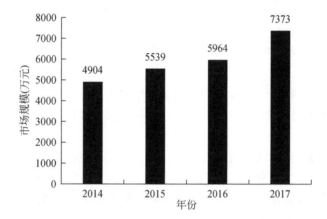

图 8-23　2014～2017 年我国生物质炭产品市场规模情况

2017 年我国生物质炭产量 2.14 万 t，同比 2016 年的 1.72 万 t 增长了 24.42%，是 2014 年的 1.7 倍，接近翻倍（图 8-24）。

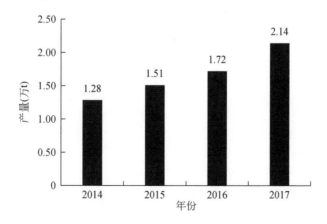

图 8-24　2014～2017 年中国生物质炭产品产量情况

智研咨询发布的《2018—2024 年中国生物质炭市场需求预测及投资前景研究报告》显示，2017 年我国生物质炭行业需求量约 2.02 万 t，同比 2016 年的 1.68 万 t 增长了 20.24%，产量与需求量基本持平（图 8-25）。

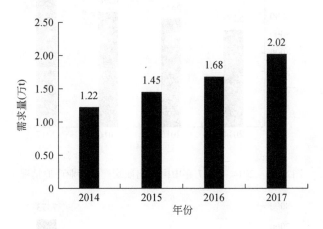

图 8-25　2014～2017 年中国生物质炭行业需求量情况

各生产技术中，生物质气化多联产技术的整个加工过程无需外加热量，也不需要添加任何化学药品、助剂、添加剂或者催化剂等，实现了农林生物质绿色、循环、可持续的高效利用。

全球范围内生物质炭市场发展极不平衡，欧美等发达经济体生物质能和生物质炭产品研究及商业化开发较早，已形成成熟的技术范式，我国在生物质炭产品的技术、商业化程度等方面与国外发达经济体仍有较大差距。生物质炭产品应用广阔，未来包括我国在内的新兴市场生物质炭产品产业化水平将大大提高。

第9章 | 结论与展望

9.1 结 论

本书阐述了黄河河口湿地生物资源现状、开发利用潜力和开发利用技术等内容，为黄河河口湿地保护修复提供依据。黄河河口湿地生物资源丰富，植物资源开发利用潜力大，贝类等动物资源开发潜力较大，微生物资源开发潜力小。植物资源以芦苇、碱蓬为主，柽柳、柳和刺槐等也较多，入侵植物互花米草分布面积逐年增加。较高的生物量为其开发利用提供了基础，如以芦苇秸秆为原料制备生物质炭、植物肥料、工艺品等。本书研究团队以黄河河口特色植物资源芦苇和生物联通修复产生的废弃互花米草植物体为原材料，研发了生物质炭制备的技术工艺流程和产业化技术体系，产品具有较好的重金属镉吸附性能和盐碱土改良性能。

黄河河口湿地贝类资源以四角蛤蜊、文蛤、彩虹明樱蛤、泥螺、光滑河蓝蛤、托氏蜎螺为主，是典型的黄河口特色贝类资源，具有较大的开发潜力，可用作饲料添加剂、贝壳工艺品和贝壳渔礁的原材料等，但是存在资源分散、运输困难、成本高等开发限制因素。以黄河河口典型贝类为原材料制作的贝壳渔礁可以为海洋生物提供适宜的栖息场所，具有修复生物联通的效果，起到了资源保育的作用，具有海洋生态修复应用的潜能。另外，以黄河河口典型贝壳为主要原材料生产的贝雕工艺品，具有较高的观赏和经济价值。

黄河河口湿地微生物资源具有一定的开发潜力，如可开发为微生物菌肥和饲料添加剂等，但受制于资源收集难、技术要求高、开发周期长、成本高等开发因素限制。本书以黄河河口湿地盐碱土壤中耐盐微生物为原料，研究了专性微生物对植物生长的影响作用，筛选出了可作为微生物菌剂的菌种。

9.2 展 望

在自然和人为因素的双重影响下，黄河河口湿地面临着土壤盐渍化、水资源短缺、土壤有机质含量低、土壤污染严重和外来物种入侵等诸多生态环境问题。黄河河口湿地生物资源具有较大的开发潜力，包括植物（本土植物芦苇和入侵植物互花米草）、动物（贝壳）和微生物资源（耐盐碱微生物）。以黄河河口湿地的特色生物资源为原料，研发高附加值产品，并应用于黄河河口生态修复，对于实现黄河河口湿地的可持续发展具有重要意义。

然而，在黄河河口湿地特色资源可持续开发利用过程中，管理者角色和任务至关重要。管理者要明确自己的责任和角色，对河口湿地资源实行统一管理、统一规划，并为河口湿地资源的开发企业提供高效的服务和良好的市场环境，保障良好的市场经济秩序，才能保证河口湿地资源开发健康顺利进行。

在推进河口湿地资源开发中，由于受资源条件、开发强度等内部因素和市场等外环境的影响，其开发利用也暴露出一些问题，如产品的供需矛盾、高附加值产品需求和科技投入不足的矛盾、投入和产出不匹配或赤字的矛盾等。有效政策的出台及时而有效地解决这些矛盾，可促进河口湿地资源更合理、更科学地持续利用。严格意义上来讲，河口湿地是一种不可再生资源，转变其性质的开发所带来的收益显而易见，但是其对生态、环境效益的损害，地质、水文价值的影响依然需要进一步详细跟踪评估。随着社会经济的发展，需要更全面、更深入的剖析和研究，以形成一个完整的、更具实用价值的资源可持续开发利用模式。

参 考 文 献

毕菲，盖广清，赵丽，等．2018．绿色环保贝壳粉涂料的研究现状．科技视界，16：115-116.

薄宏波，胡健，刘新兵，等．2013．黄河三角洲生态环境面临的主要问题与治理措施建议．水利科技与经济，19（2）：33-34.

陈广银，郑正，常志州，等．2011．不同生长期互花米草的理化特性及厌氧发酵特性．农业工程学报，27（3）：260-265.

陈广银，常志州，叶小梅，等．2013．互花米草厌氧发酵产沼气研究进展．长江流域资源与环境，22（4）：509-516.

陈金海，王红丽，王磊，等．2011．互花米草/羊粪混合堆肥还田对滨海盐碱土壤的改良效应：实验室研究．农业环境科学学报，30（3）：513-521.

陈若海．2010．互花米草对泉州湾河口湿地生态系统的作用效果分析及其综合利用．林业调查规划，35（4）：98-101.

陈文韬．2013．牡蛎壳组成特性及其综合利用研究．福州：福建农林大学博士学位论文．

陈应泉，朱波，王贤华，等．2012．生物质热解过程中焦炭物化结构演变特性．太阳能学报，33（8）：1267-1272.

慈维顺．2011．芦苇的应用．天津农林科技，（2）：35-37.

代银平，王雪莹，叶炜宗，等．2017．贝壳废弃物的资源化利用研究．资源开发与市场，33（2）：203-208.

戴桂林，林春宇，付秀梅，等．2017．中国海洋药用生物资源可持续利用潜力评价——基于熵权–层次分析法．资源科学，39（11）：2176-2185.

丁蕾．2015．黄河口湿地芦苇生物量与固碳量高分辨率遥感估算研究．呼和浩特：内蒙古大学硕士学位论文．

杜甫佑，张晓昱，王宏勋．2004．木质纤维素的定量测定及降解规律的初步研究．生物技术，14（5）：46-48.

高佳，陈学恩，于华明，等．2010．黄河口海域潮汐、潮流、余流、切变锋数值模拟．中国海洋大学学报：自然科学版，（S1）：41-48.

宫庆娥，李焕勇，张国顺．2004．盐生野菜（黄须菜）干制工艺研究．食品工业科技，25（10）：93-95.

龚宇鹏．2017．芦苇改性生物质炭制备及用于太湖水生态修复的研究．杭州：浙江大学硕士学位论文．

关鹏．2019．微生物在饲料和饲料资源开发中的应用．农业开发与装备，（2）：142.

郭文娟，梁学峰，林大松，等．2013．土壤重金属钝化修复剂生物炭对镉的吸附特性研究．环境科学，34（9）：3716-3721.

何苗，康德灿，赵佳英，等．2018．开发微生物资源新型食品的近况探索．现代食品，（10）：1-2.

何志霞，纪长浩，徐贵生．2016．互花米草在乙醇–水体系中直接液化制备生物油．农业工程学报，32（20）：236-241.

侯利萍，夏会娟，孔维静，等．2019．河口湿地优势植物资源化利用研究进展．湿地科学，17（5）：593-599.

胡学寅, 周丽丽, 齐兴义. 2008. 贝壳吸附材料的制备与表征. 应用科技, 35 (3): 70-72.

黄桂林, 何平, 侯盟. 2006. 中国河口湿地研究现状及展望. 应用生态学报, 17 (9): 1751-1756.

姜雪, 刘兆芳, 佟胜强, 等. 2012. 碱蓬草饮料的研制. 农业机械, 20: 78-79.

孔丝纺, 姚兴成, 张江勇, 等. 2015. 生物质炭的特性及其应用的研究进展. 生态环境学报, 24 (4): 716-723.

李刚, 信志红, 李峰. 2016. 基于遥感数据的黄河口湿地变化研究. 山东农业科学, 48 (11): 104-108.

李海晏. 2012. 废弃贝壳高附加值资源化利用. 杭州: 浙江大学博士学位论文.

李焕勇, 宫庆娥. 1997. 盐生野菜制品——黄须菜罐头的加工工艺. 食品科技, (6): 25.

李水清, 李爱民, 任远, 等. 2000. 生物质废弃物在回转窑内热解研究-II. 热解终温对产物性质的影响. 太阳能学报, 21 (4): 341-348.

李霞, 严永路, 尹崧, 等. 2012. 鸭粪与芦苇皮、水草高温好氧堆肥试验研究. 农业环境科学学报, 31 (3): 620-625.

梁思婕. 2018. 植物物料及其制备的生物质炭对亚热带森林土壤氮素转化的影响. 杭州: 浙江大学硕士学位论文.

林婉嫔. 2019. 不同热解温度茶渣生物质炭对土壤氮素固持转化的影响研究. 雅安: 四川农业大学硕士学位论文.

林婉嫔, 夏建国, 肖欣娟, 等. 2019. 不同热解温度茶渣生物质炭对茶园土壤吸附解吸 NH_4^+-N 的影响. 水土保持学报, 33 (6): 326-331.

刘长永, 李玉琴, 胡洪, 等. 2018. 我国当前秸秆综合利用方式浅析. 四川农业科技, (5): 78-79.

刘红玉, 林振山, 王文卿. 2009. 湿地资源研究进展与发展方向. 自然资源学报, 24 (12): 2204-2212.

刘建, 张硕, 许柳雄, 等. 2012. 人工渔礁礁体与不同粒径底质间最大静摩擦系数的试验研究. 海洋科学, 36 (1): 59-64.

刘康, 闫家国, 邹雨璇, 等. 2015. 黄河三角洲盐地碱蓬盐沼的时空分布动态. 湿地科学, 13 (6): 696-701.

刘莉, 韩美, 刘玉斌, 等. 2017. 黄河三角洲自然保护区湿地植被生物量空间分布及其影响因素. 生态学报, 37 (13): 4346-4355.

刘陆. 2014. 黄河口潮间带泥滩环境微生物群落特征研究. 青岛: 中国海洋大学硕士学位论文.

刘明月. 2018. 中国滨海湿地互花米草入侵遥感监测及变化分析. 北京: 中国科学院东北地理与农业生态研究所博士学位论文.

刘强, 张士华, 刘艳芬, 等. 2018. 黄河三角洲潮间带四角蛤蜊资源调查分析. 海洋渔业, 40 (2): 163-170.

刘晓雨, 卞荣军, 陆海飞, 等. 2018. 生物质炭与土壤可持续管理: 从土壤问题到生物质产业. 中国科学院院刊, 33 (2): 184-190.

刘延春, 张英楠, 刘明, 等. 2008. 生物质固化成型技术研究进展. 世界林业研究, 21 (4): 41-47.

刘泽霞. 2019. 生物炭和环保酵素联合对盐碱土改良效果的研究. 包头: 内蒙古科技大学硕士学位论文.

卢洪秀. 2019. 生物质炭对土壤肥力的影响研究. 上海农业学报, 35 (5): 90-94.

吕建树, 刘洋. 2010. 黄河三角洲湿地生态旅游资源开发潜力评价. 湿地科学, 8 (4): 339-346.

吕双燕. 2017. 黄河三角洲滨海湿地石油烃和重金属空间分布规律与潜在生态风险研究. 烟台: 鲁东大学.

罗力, 陈卫锋, 魏然, 等. 2017. 互花米草生物炭的添加对土壤吸附三氯生的影响及其机制研究. 环境科学学报, 37 (7): 2736-2743.

孟军, 陈温福. 2013. 中国生物炭研究及其产业发展趋势. 沈阳农业大学学报 (社会科学版), 15 (1): 1-5.

孟庆瑞，崔心红，朱义，等．2017．载氧化镁水生植物生物炭的特性表征及对水中磷的吸附．环境科学学报，37（8）：2960-2967.

孟煜，唐婉莹，韩士群．2016．芦苇蒸汽爆破加酶水解制备低聚木糖的条件优化．江苏农业科学，44（11）：445-449.

莫雪，陈斐杰，游冲，等．2020．黄河三角洲不同植物群落土壤酶活性特征及影响因子分析．环境科学，41（02）：895-904.

潘根兴，李恋卿，刘晓雨，等．2015．热裂解生物质炭产业化：秸秆禁烧与绿色农业新途径．科技导报，33（13）：92-101.

潘逸凡，杨敏，董达，等．2013．生物质炭对土壤氮素循环的影响及其机理研究进展．应用生态学报，24（9）：2666-2673.

清华，姚懿函，李红丽，等．2008．互花米草生物质能利用潜力．生态学杂志，27（7）：1216-1220.

仇祯，周欣彤，韩卉，等．2018．互花米草生物炭的理化特性及其对镉的吸附效应．农业环境科学学报，37（1）：172-178.

任广旭，王东阳．2018．微生物开发现状与建议．农村经济与科技，29（16）：149-151.

沈晨，颜鹏，魏吉鹏，等．2018．生物质炭对土壤硝态氮淋洗的影响．农业资源与环境学报，35（4）：292-300.

沈菊培，陈振华，陈利军．2005．草甸棕壤水稻田磷酸酶活性及对施肥措施的响应．应用生态学报，16（3）：583-585.

施群颖．2019．福建平潭贝雕艺术初探．福建商学院学报，（1）：51-55.

宋晓林，吕宪国．2009．中国退化河口湿地生态恢复研究进展．湿地科学，7（4）：379-384.

苏芳莉，隋丹，李海福，等．2017．芦苇根茎和根对造纸废水中铜的吸收．湿地科学，15（5）：753-757.

孙宇梅，赵进，周威，等．2005．我国盐生植物碱蓬开发的现状与前景．北京工商大学学报（自然科学版），23（1）：1-4.

覃佐东，金磊磊，王建华，等．2014．互花米草纤维与造纸污泥混合制作污泥纤维板．生物加工过程，12（3）：59-68.

唐少刚．2007．黄须菜对肉仔鸡生长性能的影响．中国饲料，（10）：32-33.

王冬冬，徐琪，杨洋，等．2013．基施生物质炭对菜用大豆植株营养吸收及土壤养分供应初报．大豆科学，32（1）：72-75.

王莲莲，陈丕茂，陈勇，等．2015．贝壳礁构建和生态效应研究进展．大连海洋大学学报，30（4）：449-454.

王英林．2020．黄河三角洲（东营）湿地生态环境保护与修复．中华环境，（Z1）：33-35.

王正芳，郑正，罗兴章，等．2011．H_3PO_4活化法制备互花米草活性炭．环境化学，30（2）：530-537.

温广玥．2020．1997-2018年辽河口翅碱蓬生物群落时空变化特征研究．北京：中国地质大学硕士学位论文.

吴大千．2010．黄河三角洲植被的空间格局、动态监测与模拟．青岛：山东大学硕士学位论文.

吴迪超，陈超，侯兴隆，等．2021．热解温度对纤维素和木质素成炭结构的影响．生物质化学工程，55（3）：1-9.

吴征镒．1980．中国植被．北京：科学出版社.

夏阳．2015．生物炭对滨海盐碱植物生长及根际土壤环境的影响．青岛：中国海洋大学硕士学位论文.

谢宝华，路峰，韩广轩．2019．入侵植物互花米草的资源化利用研究进展．中国生态农业学报（中英文），27（12）：1870-1879.

邢平平．2013．黄河三角洲土壤微生物群落结构对盐生植被演替的响应．济南：山东师范大学硕士学位论文.

邢尚军, 张建锋, 宋玉民, 等. 2005. 黄河三角洲湿地的生态功能及生态修复. 山东林业科技, (2): 69-70.

徐国万, 卓荣宗, 曹豪, 等. 1989. 互花米草生物量年动态及其与滩涂生境的关系. 植物生态学与地植物学学报, (3): 230-235.

徐娜. 2016. 黄河口芦苇装饰材料加工工艺研究. 中国石油大学胜利学院学报, 30 (3): 86-88.

许家磊. 2014. 黄河三角洲自然保护区湿地芦苇的保护与利用. 绿色科技, (7): 107-108.

许建平, 杨士英. 1992. 南麂列岛及其附近海域的水文和气候特征. 南麂列岛国家级海洋自然保护区论文选 (一). 北京: 海洋出版社.

严润玄, 朱峰, 韩庆功, 等. 2019. 黄河口潮间带大型底栖动物群落特征. 动物学杂志, 54 (6): 835-844.

颜静, 秦梦志. 2017. 黄河口芦苇画技艺特色与传承分析. 中国石油大学胜利学院学报, 31 (3): 80-83.

杨国强, 马毅, 王建步, 等. 2018. 基于高分一号卫星影像的柽柳地上生物量遥感估算研究——以昌邑柽柳国家海洋特别保护区为例. 海洋环境科学, 37 (1): 78-85, 94.

杨鹤同, 徐超, 赵桂华, 等. 2014. 微生物肥料在农林业上的应用. 安徽农业科学, 42 (29): 10078-10080, 10082.

杨选民, 王雅君, 邱凌, 等. 2017. 温度对生物质三组分热解制备生物炭理化特性的影响. 农业机械学报, 48 (4): 284-290.

杨忠芳, 陈岳龙, 钱镶, 等. 2005. 土壤 pH 对镉存在形态影响的模拟实验研究. 地学前缘, (1): 252-260.

杨卓, 陈婧, 揣莹. 2016. 芦苇生物质炭的制备、表征及吸附性能. 江苏农业科学, 44 (11): 464-467.

游竣骅. 2019. 海洋微生物药物开发的研究进展. 中国高新科技, (9): 101-104.

俞存根, 蔡厚才, 刘录三. 2018. 南麂列岛海洋自然保护区浅海生态环境与渔业资源. 北京: 科学出版社.

袁芳, 郭同军, 张俊瑜, 等. 2017. 日粮中添加芦苇对育肥期和田羊生长性能及表观消化率的影响. 中国畜牧兽医, 44 (6): 1701-1706.

曾名勇, 林洪, 刘树青. 2002. 海洋生物保鲜剂 OP-Ca 抗菌特性的研究. 中国海洋药物, (4): 27-31.

张爱静. 2013. 水文过程对黄河口湿地景观格局演变的驱动机制研究. 北京: 中国水利水电科学研究院博士学位论文.

张达, 孙旭东, 陈彦民, 等. 2016. 碱蓬的经济价值与碱土种植. 农场经济管理, (11): 32-33.

张千丰, 王光华. 2012. 生物炭理化性质及对土壤改良效果的研究进展. 土壤与作物, 1 (4): 219-226.

张升友, 冯文英, 徐明, 等. 2015. 芦苇备料废渣制备乙醇同时获得副产品的技术研究. 造纸科学与技术, (2): 96-100.

张婷, 王旭东, 逄萌雯, 等. 2016. 生物质炭和秸秆配合施用对土壤有机碳转化的影响. 环境科学, 37 (6): 2298-2303.

张晓龙. 2005. 现代黄河三角洲滨海湿地环境演变及退化研究. 青岛: 中国海洋大学博士学位论文.

张旭. 2009. 黄河口海域渔业资源调查及现状评价的初步研究. 青岛: 中国海洋大学硕士学位论文.

章家恩, 刘文高. 2001. 微生物资源的开发利用与农业可持续发展. 土壤与环境, (2): 154-157.

赵文溪, 宋静静, 于超勇, 等. 2017. 黄河三角洲区域泥螺入侵与扩散研究进展. 海洋开发与管理, 34 (S2): 142-147.

赵欣怡. 2020. 基于时序光学和雷达影像的中国海岸带盐沼植被分类研究. 上海: 华东师范大学硕士学位论文.

赵学思, 师仁丽, 李岩, 等. 2016. 碱蓬黄酮提取物的体外抗氧化及抑菌性研究. 食品工业科技,

37（13）：63-66.

郑贵荣，徐开亩，张如．1994．互花米草粉饲养肉鸡试验．养禽与禽病防治，6：21-22.

周际海，袁东东，袁颖红，等．2018．生物质炭与有机物料混施对土壤温室气体排放和微生物活性的影响．环境科学学报，38（7）：2849-2857.

周文宗，宋祥甫，王金庆．2015．互花米草生物矿质液对黄鳝生长和营养成分的影响．江苏农业科学，43（5）：233-235.

周亚福，李思锋，黎斌，等．2013．基于层次分析法的秦岭重要药用植物资源评价研究．中草药，44（15）：2172-2182.

朱洪光，陈小华，唐集兴．2007．以互花米草为原料生产沼气的初步研究．农业工程学报，23（5）：201-204.

朱静，吴亦红，李洪波，等．2014．白洋淀芦苇资源化利用技术及示范研究．环境科学与技术，37（120）：92-94.

朱作华，蔡侠，谢纯良，等．2017．能源作物芦苇适宜收获期研究．中国麻业科学，39（2）：69-74，102.

Ahmed M J. 2017. Application of raw and activated *Phragmites australis* as potential adsorbents for wastewater treatments. Ecological Engineering, 102：262-269.

Azargohar R, Nanda S, Kozinski J A, et al. 2014. Effects of temperature on the physicochemical characteristics of fast pyrolysis biochars derived from Canadian waste biomass. Fuel, 125：90-100.

Bello A, Han Y, Zhu H, et al. 2020. Microbial community composition, co-occurrence network pattern and nitrogen transformation genera response to biochar addition in cattle manure-maize straw composting. Science of the Total Environment, 721：137759.

Berry D, Widder S. 2014. Deciphering microbial interactions and detecting keystone species with co-occurrence networks. Frontiers in Microbiology, 5：219.

Cai J F, Zhang L, Zhang Y, et al. 2020. Remediation of cadmium-contaminated coastal saline-alkaline soil by *Spartina alterniflora* derived biochar. Ecotoxicology and Environmental Safety, 205：111172.

Chen Z, Xiao X, Chen B, et al. 2015. Quantification of chemical states, dissociation constants and contents of oxygen-containing groups on the surface of biochars produced at different temperatures. Environmental Science and Technology, 49（1）：309-317.

Clough T J, Condron L M. 2010. Biochar and the nitrogen cycle：introduction. Journal of Environment Quality, 39（4）：1218-1223.

Forsberg K, Patel S, Gibson M, et al. 2014. Bacterial phylogeny structures soil resistomes across habitats. Nature, 509：612-616.

Gou C, Wang Y, Zhang X, et al. 2021. Effects of chlorotetracycline on antibiotic resistance genes and the bacterial community during cattle manure composting. Bioresource Technology, 323：124517.

Guo H, Gu J, Wang X, et al. 2019. Responses of antibiotic and heavy metal resistance genes to bamboo charcoal and bamboo vinegar during aerobic composting. Environmental Pollution, 252：1097-1105.

Hu A, Ju F, Hou L, et al. 2017. Strong impact of anthropogenic contamination on the co-occurrence patterns of a riverine microbial community. Environmental Microbiology, 19（12）：4993-5009.

Huerta B, Marti E, Gros M, et al. 2013. Exploring the links between antibiotic occurrence, antibiotic resistance, and bacterial communities in water supply reservoirs. Science of the Total Environment, 456-457：161-170.

Jamieson T, Sager E, Gueguen C. 2014. Characterization of biochar-derived dissolved organic matter using UVvisible absorption and excitation-emission fluorescence spectroscopies. Chemosphere, 103: 197-204.

Jiang M, Chen H, Chen Q, et al. 2015. Wetland ecosystem integrity and its variation in an estuary using the EBLE index. Ecological Indicators, 48: 252-262.

Jing F, Chen X, Wen X, et al. 2019. Biochar effects on soil chemical properties and mobilization of cadmium (Cd) and lead (Pb) in paddy soil. Soil Use and Management, 36 (2): 320-327.

Kana J R, Teguia A, Tchoumboue J. 2010. Effect of dietary plant charcoal from *Canarium schweinfurthii* Engl. and maize cob on aflatoxin B1 toxicosis in broiler chickens. Advances in animal biosciences, 22 (4): 462-463.

Kleiner K. 2009. The bright prospect of biochar. Nature Reports Climate Change, 3: 72-74.

Lee J W, Kidder M, Evans B R, et al. 2010. Characterization of biochars produced from cornstovers for soil amendment. Environmental Science and Technology, 44: 7970-7974.

Lehmann J, da Silva P J, Steiner C. et al. 2003. Nutrient availability and leaching in an archaeological Anthrosol and a Ferralsol of the Central Amazon basin: Fertilizer, manure and charcoal amendments. Plant and Soil, 249: 343-357.

Li H Y, Tan Y Q, Zhang L, et al. 2012. Bio-filler from waste shellfish shell: Preparation, characterization, and its effect on the mechanical properties on polypropylene composites. Journal of Hazardous Materials, 217-218: 256-262.

Li M, Liu Q, Guo L, et al. 2013. Cu (Ⅱ) removal from aqueous solution by *Spartina alterniflora* derived biochar. Bioresource Technology, 141: 83-88.

Liao H, Lu X, Rensing C, et al. 2018. Hyperthermophilic composting accelerates the removal of antibiotic resistance genes and mobile genetic elements in sewage sludge. Environmental Science and Technology, 52 (1): 266-276.

Major J, Rondon M, Molina D. et al. 2010. Maize yield and nutrition during 4 years after biochar application to a Colombian savanna oxisol. Plant and Soil, 333: 117-128.

Olesen J M, Bascompte J, Dupont Y L, et al. 2007. The modularity of pollination networks. Proceedings of the National Academy of Sciences of the United States of America, 104 (50): 19891-19896.

Oliveira F R, Patel A K, Jaisi D P, et al. 2017. Environmental application of biochar: Current status and perspectives. Bioresource Technology, 246: 110-122.

Qiao C, Penton C R, Liu C, et al. 2021. Patterns of fungal community succession triggered by C/N ratios during composting. Journal of Hazardous Materials, 401: 123344.

Risén E, Gregeby E, Tatarchenko O, et al. 2013. Assessment of biomethane production from maritime common reed. Journal of Cleaner Production, 53: 186-194.

Sun J, He F, Shao H, et al. 2016. Effects of biochar application on *Suaeda salsa* growth and saline soil properties. Environmental Earth Sciences, 75 (8): 630-635.

Toumpeli A, Pavlatou-Ve A K, Kostopoulou SK, et al. 2013. Composting *Phragmites australis* Cav. plant material and compost effects on soil and tomato (*Lycopersicon esculentum* Mill.) growth. Journal of Environmental Management, 128: 243-251.

Uzoma K C, Inoue M, Andry H, et al. 2011. Effect of cow manure biochar on maize productivity under sandy soil condition. Soil Use and Management, 27 (2): 205-212.

Viaene J, Lancker J V, Vandecasteele B, et al. 2016. Opportunities and barriers to on-farm composting and compost application: A case study from northwestern Europe. Waste Management, 48: 181-192.

Wang C, Dong D, Wang H, et al. 2016. Metagenomic analysis of microbial consortia enriched from compost:

New insights into the role of Actinobacteria in lignocellulose decomposition. Biotechnology for Biofuels, 9: 22.

Wang D, Zhang L, Zou H, et al. 2018. Secretome profiling reveals temperature-dependent growth of *Aspergillus fumigatus*. Science China Life Sciences, 61 (5): 578-592.

Wang X, Cui H, Shi J, et al. 2015. Relationship between bacterial diversity and environmental parameters during composting of different raw materials. Bioresource Technology, 198: 395-402.

Watarai S, Tana. 2005. Eliminating the carriage of *Salmonella enterica* serovar Enteritidis in domestic fowls by feeding activated charcoal from bark containing wood vinegar liquid (Nekka-rich). Poultry science, 84: 515-521.

Woolf D, Amonette J E, Street-Perrott F A, et al. 2010. Sustainable biochar to mitigate global climate change. Nature Communications, 1 (5): 1-9.

Wu N, Xie S, Zeng M, et al. 2020. Impacts of pile temperature on antibiotic resistance, metal resistance and microbial community during swine manure composting. Science of the Total Environment, 744: 140920.

Xiao R, Wang P, Mi S, et al. 2019. Effects of crop straw and its derived biochar on the mobility and bioavailability in Cd and Zn in two smelter-contaminated alkaline soils. Ecotoxicology and Environmental Safety, 181: 155-163.

Xu D, Zhao Y, Sun K, et al. 2004. Cadmium adsorption on plant- and manure- derivedbiochar and biochar-amended sandy soils: Impact of bulk and surface properties. Chemosphere, 111: 320-326.

Yang S, Li J, Zheng Z, et al. 2009. Characterization of *Spartina alterniflora* as feedstock for anaerobic digestion. Biomass and Bioenergy, 33: 597-602.

Yao Z, Xia M, Li H, et al. 2014. Bivalve shell: Not an abundant useless waste but a functional and versatile biomaterial. Critical Reviews in Environmental Science and Technology, 44 (22): 2502-2530.

Zhang L, Li L, Pan X, et al. 2018. Enhanced growth and activities of the dominant functional microbiota of chicken manure composts in the presence of maize straw. Frontiers in Microbiology, 9: 1131.

Zhao S, Ta N, Li Z, et al. 2018. Varying pyrolysis temperature impacts application effects of biochar on soil labile organic carbon and humic fractions. Applied Soil Ecology, 123: 484-493.

Zhou G, Qiu X, Wu X, et al. 2021. Horizontal gene transfer is a key determinant of antibiotic resistance genes profiles during chicken manure composting with the addition of biochar and zeolite. Journal of Hazardous Materials, 408: 124883.

Zhu L, Zhao Y, Yang K, et al. 2019. Host bacterial community of MGEs determines the risk of horizontal gene transfer during composting of different animal manures. Environmental Pollution, 250: 166-174.

Zhu Y, Johnson T, Su J, et al. 2013. Diverse and abundant antibiotic resistance genes in Chinese swine farms. PNAS, 110 (9): 3435-3440.